Bea Kemer
Membranen
Roman

ISBN 978-3-928832-98-4
dahlemer verlagsanstalt 2022
Alle Rechte Bea Kemer
© für diese Ausgabe
dahlemer verlagsanstalt
Michael Fischer
Leydenallee 92
12165 Berlin
www.da-ve.de
Umschlag und Layout: Dorothea Neiß
Druck und Bindung: MM büro marketing Alexandra Menges

Bea Kemer

Membranen

Roman

dahlemer verlagsanstalt

Mikroskopieren

Einen Moment lang sah Marquard seinen Hoffnungen nach. Er hob den Kopf vom Mikroskop, rollte mit dem Stuhl zum Diktiergerät und sprach einen kurzen Laborbericht auf: Getesteter Wirkstoff an der Blut-Hirn-Schranke hängengeblieben, in keiner der Proben ein Molekül nachweisbar. Wenn er nicht bald ein Zwischenergebnis präsentierte, verlor das Unternehmen die Geduld und gab das Parkinson-Projekt auf. Zehn Jahre Arbeit dahin. Der nächste Carrier musste mit der Substanz durch die Zellwand dringen. Marquard legte das Band für die Sekretärin zurecht, hängte seinen Kittel in den Spind und wechselte die Schuhe.

Der Kaffee aus dem Automaten dampfte in der heruntergekühlten Flur-Luft. Marquard trat mit seinem Pappbecher ans Fenster des leeren Besprechungszimmers. Auf der gegenüberliegenden Straßenseite schlabberten Spaghetti-Hemdchen mit Brüsten um die Wette, nackte Bierbäuche drückten sich aus Shorts. Kollateralschäden des Weddinger Sommers. Links reckte sich der Fernsehturm zum Himmel, greifbar nahe, in die Sichtachsen keilend, der Botschafter einer noch immer fremden Welt, die es bleiben mochte, bis sie verschwand. Marquard trank den Kaffee aus, warf den Becher in den Mülleimer und ging in Richtung Labor. Ein Primaten-Gehirn war avisiert, post mortem innerhalb von sechs Stunden zu einem Präparat zu verarbeiten. Die letzte Chance nach den untersuchten Schweinehirnen.

An der Tür zum Büro der Assistentin klopfte er kurz und öffnete, ohne eine Reaktion abzuwarten.

»Und?« Sandra Hauffes sommerheller Pferdeschwanz flog ihr über die linke Schulter, als der Drehstuhl zu Marquard schwang. Das Haar landete auf dem weißen Kittel, ein Ährenbündel auf einem Bettlaken.

»Nichts.« Er vermied es, enttäuscht zu klingen. »Montag sehen wir, was beim Primaten passiert ist.«

Sandra, so nannte er sie im Stillen, griff nach Feuerzeug und Zigaretten. Aber erst, als er einen Stuhl zu ihr rückte, drehte ihr Daumen das Rad über den Zündstein. Ein kurzer Zug, der Tabak glühte auf, Sandra blies den Rauch in Marquards Richtung, so, dass ihn die Wolke gerade noch streifte. Er mochte den Duft einer frisch angezündeten Zigarette und hatte dies ihr gegenüber einmal geäußert. Er selbst hatte das Rauchen längst aufgegeben, Carlotta zuliebe.

»Soll ich die Gehirnproben vorbereiten?« Aus Sandras Mund qualmte es, die Sonne bildete aus dem Rauch ein abstraktes Kunstwerk, das über Sandra entschwebte. Die kleinen Haare ihres Unterarms glänzten in der Lichtbahn. »Dann müssen Sie Ihr Wochenende nicht unterbrechen, um die Präparate aus dem Eiswasser zu nehmen. Ich bin ohnehin hier. Etwas für die Promotion dokumentieren.«

Auch wenn Sandra sorgfältig arbeitete, nach dem Rückschlag heute verließ er sich lieber auf sich selbst. »Nicht nötig«, sagte er im Aufstehen.

»Gut«, antwortete sie, »wir sehen uns also morgen.«

Sandra beugte sich wieder über ihre Arbeit, ohne ihm hinterherzusehen. Sie fragte ihn nicht aus, bedrängte ihn nicht einmal mit einem zweiten Angebot zu den Gehirnproben. – So leicht kann das sein. – Sandra war da, patent, freundlich, attraktiv und ließ ihn in Ruhe. Eine sanfte Variante von Carlotta, der Carlotta des Anfangs. Die jetzige Carlotta würde heute Abend in ihm herumstochern. Ihn zum Reden bringen wollen, weil das für sie unter »Nähe herstellen« lief. Um dann enttäuscht zu sein. Na gut, bei Sandra war er der Chef. Aber trotzdem.

Im Labor zurück, den rechten Arm schon im Kittel, dachte er: Carlotta und ich sollten wieder öfter miteinander schlafen.

Es klopfte, das tote Organ wurde gebracht.

Nach sechs Uhr verließ Marquard die Firma. Er startete den Motor und öffnete die Fenster, im Radio lief Joyride von Roxette. Die Heidestraße schüttelte den Wagen durch, Marquard drehte das Radio lauter. Hauptstadtbeschluss. Hier in der Industriebrache war davon nichts zu spüren.

Auf dem Stoppelfeld vor dem Reichstag spielten ein paar junge Männer Fußball. Das Brandenburger Tor stand kahl in der Sonne. Vor zwei Jahren hatte hier die Grenze den Westen noch abgedichtet, jetzt galt das Land als vereinigt und das eigene Gefühl hielt nicht Schritt.

Die roten Bremslichter auf der Potsdamer Straße zwangen ihn zu stoppen. Die Prostituierten standen am Straßenrand wie immer, aufreizend mit ihren Hotpants oder Miniröcken, die Pobacken hervorblitzen ließen. Eine junge Brünette beugte sich zum Seitenfenster herein und sprach ihn mit »Süßer« an. Ihm wehte eine Mischung entgegen aus Pfefferminz, Parfum und Alkohol. Er hob den Arm zu einer Geste, die alles bedeuten konnte: Tut mir leid, ein andermal, falsche Adresse. Das Mädchen taxierte ihn, ohne ihn wahrzunehmen, sah in ihm eine Geldbörse und keinen Einundvierzigjährigen mit welligem Haar. Seine Augen, die Carlotta frostfarben nannte, waren ihr so gleichgültig wie seine Hände, die zart eine Frau an sich ziehen und zu ihr sprechen konnten, besser, als es ihm mit Worten gelang. Auf nichts davon kam es hier an. Er selbst würde auch nur den Rock hochschieben, wenn es nicht schon geschehen war, seinen Reißverschluss öffnen, keine Zeit verlieren und alles wäre benutzt. Nie hatte er das »Du bist nicht gemeint« überspringen können und war deshalb auch nie mitgegangen. Ein Versuch vor dem Abi mit ein paar Mitschülern, der Klassiker. Ihn hatte verblüfft, wie schön die Frauen waren, und sein Körper war angesprungen. Dann forderte die Frau für irgendetwas Geld nach und er war so enttäuscht, dass ein Abstand entstand, den er nicht mehr überwand. Jedenfalls hatte er das Bordell verlassen, in gewisser Weise erleichtert.

Vor ihm war die Straße frei. Er gab Gas.

In der Wohnung hing wie immer eine Spur ihres Parfums. Lys Bleu. Ein Duft, den er beim Kennenlernen als zu gesetzt für Carlotta empfunden hatte, der jetzt aber zu ihr gehörte.

Marquard drückte das Kaffeepulver im Sieb fest, während sich die Espressomaschine aufheizte. Als er die Milch aufschäumte, dachte er wie immer an Carlottas Kommentar: »Milchschaum wird überschätzt.«

Er nahm den Kaffee mit auf den Balkon, als könnte er Carlotta damit entgegengehen. In den Balkonkästen bildeten die Lavendelbüsche eine farbige Begrenzung vor den Straßenbäumen. Das einheitliche Blau zeigte Carlottas Handschrift, ihm hätte auch etwas bunt Bäuerliches gefallen. Er strich über die Nadeln, Provence, blühende

Felder, die erste gemeinsame Reise, Liebe unter freiem Himmel. Es war eine Weile her. Huhn mit Wein und Lavendel, das Gericht hatte lange nicht mehr auf dem Herd gestanden, obwohl sie es beide mochten, wenn der südliche Sommer durch die Wohnung strömte. Aber seit Carlotta immer mehr geschäftlich herumreiste, kochten sie selten. Er sah ein, sie konnte nicht nur bei Firmen in Berlin ihre Seminare oder Coachings anbieten. Heute kam sie aus Hamburg zurück, er schaute auf die Uhr, etwa eine Stunde noch. Bis sie eintraf, konnte er das Buch von gestern weiterlesen. Das Gespräch der zwei Männer auf der Terrasse, der Wein. Der ältere hielt sich einer bestimmten Frau fest verbunden, der jüngere pries lose Beziehungen, die ohne Schmerz aufgelöst werden konnten. Die beiden tauschten sich aus, redeten Marquards Eindruck nach aber stets aneinander vorbei.

Schneller als erwartet hörte er das typische Geräusch von Carlottas Sportwagen. Der Motor brabbelte satt vor sich hin, ein Klang, der zu Carlottas Stundenlöhnen passte. Marquard sah über die Brüstung, Carlotta stand schon neben dem Auto, schwarzes Kurzhaar zwischen schwarz-weißen Schultern. Während sich das Verdeck schloss, nahm sie den Aktenkoffer vom Rücksitz. Dunkel verbarg er ihre Welt, Stifte, Magnete, Pappen in unterschiedlichen Farben und Formen. Sie schlug die Tür energisch zu, handfest und tatkräftig, wie es zu ihr passte. Das hatte ihm so gefallen an ihr, als sie zusammengekommen waren. Sie war eine Frau, mit der alles leicht erschien, der Alltag, der Sex. Eine Frau, mit der man einfach nur leben konnte. Eine Frau, bei der man sich nicht verlor.

Wenn Carlotta einen Raum betrat, füllte er sich mit Leben, so, als wären zwei Menschen eingetreten. Ihr

Kommentar, nachdem er sie darauf angesprochen hatte: »Hat meine Mutter auch schon gesagt, nur nicht so schön wie du.« Sie schloss die Wohnungstür hinter sich, winkelte einen Unterschenkel nach hinten an und streifte den schwarzen Riemen ihrer Schuhe von der Ferse. Dabei nutzte sie die freie Hand zur Balance und schürzte die Lippen. Die Augen halb geschlossen, der Mund in mattem Rot, samtig wie Himbeeren. Er wünschte sich, dass die Prozedur noch eine Weile dauern würde, aber sie hatte den zweiten Schuh schon weggeschlenkert und die Augen wieder geöffnet. Er griff nach ihren Händen und legte die Lippen auf Carlottas. Der Kuss kam ihm gehetzt vor und er ließ sie los. Carlotta knöpfte ihren Blazer auf, warf ihn zum nächstbesten Sessel. Sie war nun ganz in Schwarz gekleidet, Strumpfhose, knielanger Rock, das Unterhemd mit Spitzenbesatz am Ausschnitt. In ihrem Nacken ringelten sich kleine Locken. Auf den grauen Bodenfliesen der Küche drückten sich die Füße warm ab. Marquard folgte ihr, umfasste sie von hinten und vergrub das Gesicht in der Vertiefung zwischen Kopf und Hals. Sie gab einen Laut von sich, den er nicht einordnen konnte, und sagte: »Wasser.« Marquard nahm die Arme herunter, seine Lippen schmeckten salzig, es war tatsächlich heiß und stickig hier.

Carlotta griff unter ihren Rock und zog die Strumpfhose in Richtung Füße.

Das wäre jetzt ein guter Moment, dachte Marquard. »Willst du auch einen Kaffee?«, fragte er.

»Ohne Milchschaum«, sagte Carlotta.

Klar, dachte er.

»Wie wars?« Sie befreite ihr zweites Bein.

»Nichts Besonderes.« Er hätte das Labor heute Abend

gern vergessen, aber Carlotta wusste, dass heute die Ergebnisse der Tests mit den Schweinehirnen vorlagen, sie ließe keine Frage einfach unbeantwortet stehen. »Wir konnten nichts nachweisen«, setzte er hinzu.

»Und wie geht es weiter?« Sie stand dicht vor ihm mit ihren nackten Beinen. Ihre Nase berührte beinahe seinen Mund.

»Montag wird ein Affengehirn untersucht, dann wissen wir mehr. – Wo sollen wir essen gehen?«

»Lass uns ein paar Schritte laufen.« Sie meinte den Rand von Schöneberg, da, wo fast etwas von Kreuzberg zu spüren war. Er selbst mochte den Rüdesheimer Platz mit seinen Kneipen, im Sommer dem Weinbrunnen, dem wöchentlichen Wechsel des Ausschanks. Lateinlehrer-Atmosphäre, befand Carlotta. Wenn sie unterwegs war, saß er dort manchmal allein unter den alten Bäumen und fand, er habe es gut getroffen mit Berlin.

»Bist du frustriert, weil wieder kein Durchbruch da ist?« Sie hatten gerade den Perelsplatz hinter sich gelassen und liefen auf den Tunnel unter der Stadtautobahn zu.

»Es ist mein Job.«

»Aber du hattest so viel Hoffnung nach den Ergebnissen mit den Mäusen.«

»Rückschläge gehören dazu.« Warum konnten sie nicht einfach den Weg gehen, einen Schritt vor den anderen setzen, während er Carlottas Hand hielt und sie über den nächsten Tag sprachen.

»Zu wie eine Auster, der Durchlässigmacher, aber egal.« Sie nahm seine Hand, die sich von ihr gelöst hatte, und drückte sie.

Er griff zu dem Rettungsring, nachdem er wie ein

Nichtschwimmer im Tiefen gezappelt hatte, und sagte »Austern schmecken.« Über dem Volkspark spannte sich der Abendhimmel als blaues Tuch, am seitlichen Rand türkis-orange ausgefranst. Vögel spielten mit der Luft, in die sich kurze Wellen von Grillgeruch mischten.

Carlotta legte den Kopf in den Nacken. »Schau, wie sie herumtollen, als wäre alles ganz leicht.«

Er ließ seinen Blick über eine einsame Wolke wandern, die am Himmel hing wie festgewachsen. Wann waren sie das letzte Mal in den Bergen gewesen. Wo sie »wie früher« geraunt hatte, weil er nicht lassen konnte von ihr. Wo er begonnen hatte, von sich zu erzählen, nach all der Schweigezeit, die Maria ihm hinterlassen hatte. Viel war es nicht, was er herausließ nach dem Schlag von Maria, aber mehr als davor und danach bei Carlotta.

»Rosengarten«, sagte sie, und Marquard wusste sofort, sie meinte die Bergkette, zu der sie so oft hinübergestaunt hatten, das trennende Eisacktal mit seiner Autobahn wegradierend. Er legte die Arme um Carlotta und zog sie kurz an sich.

Wie sie vor ihm die Treppe zur Wohnung hinaufstieg, hatte sie Beine bis zum Himmel. Marquard sah Carlottas Fersen, die rosa auf die Korksohle traten, die Jeans, die ihre Knöchel mit den Grübchen daneben frei ließ und den Po abzeichnete. Noch während Carlotta aufschloss, waren seine Hände bei ihr, an ihrer Taille, an ihrer Brust. Sie widerstand ihm kurz, eine Tanzbewegung. Als Carlotta nachgab, hatte ihr Mund alles Schnelle, Fremde abgeworfen, er gehörte wieder ihm. Wie sie sich anfühlte, als er ihr in den Slip griff, wie sie sich anhob, bevor er in sie schwamm, wischte alles Trennende weg.

Warum ist nicht alles so einfach, dachte er danach, und warum findet das Einfache immer seltener statt. Dass es dunkel war um sie herum, bedeutete nichts oder nicht viel. Gut, er verdoppelte die Liebe gern durch den Spiegel am Kopfende, ein Wunsch, der mit Carlotta aufgekommen war, den sie aber immer weniger teilte. Carlotta schwieg, es gab nichts zu hören, aber die Stille klang für ihn wohlig. Bevor sie einschliefen, redeten sie noch über den Abend, das Essen, den Wein. Nichts Bedeutsames, aber das war es gerade, was Marquard gefiel.

Carlottas Wecker klingelte, sie traf sich samstags mit Freundinnen zum Joggen und anschließendem Frühstück. Heute kamen die Frauen alle hierher, in anderthalb Stunden. Er würde frühstücken mit ihnen, es war ja nicht oft. Marquard zog Carlottas Kopfkissen zu sich und schlief in ihrem Geruch sofort wieder ein.

Es gelang ihm gerade noch zu duschen, sich anzuziehen, Teller, Tassen, Messer aufzudecken, da rollte der Chor schon auf den Eingang zu. Ein spitzer Sopran setzte sich durch, darunter klang der runde Alt Carlottas.

»Hallo Marquard.«

Er musste sich umarmen lassen, die Gesten kamen ihm aufgesetzt vor.

»Alles grün bei dir?«, fragte Dorrit und klopfte ihm wie immer zur Begrüßung auf den Oberarm.

»Ich bin rot-grün-blind.«

»Schade, rot ist die Liebe.«

»Nachts sind alle Katzen grau.«

»Dann mach mal das Licht an. – Oder darfst du nicht?«

Er mochte Dorrit mit ihrem bemerkenswerten Humor. Bei Carlotta lief das Spiel immer gezähmt ab, es war zu viel Schonung dabei. Möglicherweise war Dorrit die Einzige, die sich ähnlich fremd fühlte in der Runde wie er, nur war sie qua Geschlecht zur Teilnahme am Frauenleben verurteilt. Da ging es ihm besser.

Carlotta erinnerte an das Frühstück.

Mit der Geschäftigkeit der Frauen zog etwas Fremdes ein, das sich verbreitete. Er konnte ihnen nichts vorwerfen, sie erkundigten sich nach ihm, spielten mindestens ein Interesse geschickt vor. Aber wenn sie: »Lass ruhig, Marquard«, sagten und emsig den Tisch weiter deckten, die Käsescheiben ordentlich drapiert, die Wurstgabel in den Schinken gestochen, den Löffel für die Marmelade auf das Glas platziert, gehörten sie zusammen und er nicht dazu. Neben dem stillen Einvernehmen mit Dorrit gab es allerdings noch etwas, das ihn bei Tisch hielt. Die Neue in der Lauftruppe, eine Prachtwumme mit hochgeschnalltem Busen, in den der BH sich einkerbte und eine Berg- und Talbahn formte, statt ein Halbrund abzubilden. Carlotta durfte er mit diesen Beobachtungen nicht kommen, gemeinsam zu lästern kam nicht in Frage. »Lass deinen Mikroskop-Blick im Labor«, hatte sie irgendwann spitz bemerkt – und es war nicht um den Busen einer anderen Frau gegangen. Er hatte sich gefragt, was um alles in der Welt an genauem Hinsehen problematisch sein sollte.

Die Prachtwumme schenkte ihm deutlich weniger Aufmerksamkeit als den Wurstplatten. Dieses Defizit kompensierten leider die übrigen Frauen, indem sie ihn mit ihrer Fragerei einzubeziehen versuchten. Er gönnte ihnen doch ihre Unterhaltung, warum durfte er nicht dabeisitzen und seine zwei Brötchen essen. Dann fiel noch dauernd der Name Carla. Schon, Carlotta selbst hatte sich umgetauft, weil ihr der Name Carlotta Hütter zu ratternd daherkam. »Wie ein Maschinengewehr, Rattattattat.« Carlotta Brüning, ja das habe geklungen, aber Carlotta Hütter, nein, also wirklich nicht, sie hieße jetzt Carla Hütter. Er fand Carla verfehlt, der Name einer Galeristin. Für ihn blieb sie Carlotta und er wollte nicht dauernd von einer Carla umschwirrt werden, die es nicht gab.

Die Frauen sprachen jetzt über Kindergeburtstage, die drei Mütter führten das Wort. Er hatte keine Übersicht, wie alt welche Kinder waren, er hörte nur den verliebten Ton der Mütter, die die Namen ihrer Kinder wie Orgasmus-Schreie über den Tisch schickten. Doch, er kannte das Alter von Heikes Tochter, Lara war sieben. So alt wie die Entscheidung, die Carlotta und er zum Thema Kinder getroffen hatten.

Carlotta lachte in das Gespräch hinein, so jung wie sie aussah, ohne nennenswert jünger zu sein als die anderen. Sie sah zu ihm hin. Er bemühte ein Lächeln, eine Last lag auf ihm, seitdem Carlotta vierzig geworden war.

»So.« Er erhob sich, sagte einen Satz, in dem das Wort »Arbeit« vorkam, und winkte in die Runde. »Grüß Jochen«, sagte er zu Dorrit, wie so oft im letzten Moment, weil er Jochen hinter der lauteren Dorrit vergaß.

Der Bildschirm blieb dunkel, kein Computerspiel jetzt, Marquard saß nur pro forma am Schreibtisch, falls jemand zu ihm hereinsah. Vor sieben Jahren. Carlotta war damals dreiunddreißig. Die Einladung bei Heike, sie und Tom konnten nicht aus dem Haus wegen des Säuglings. Die Wohnung dampfig. War das Einbildung? Heikes Gähnen, Toms Ungeduld. Das Katzengeschrei aus dem zahnlosen Mund. Auf dem Waschtisch Einlagen für den Still-BH. Nasse Flecke auf Heikes Bluse. Die lautlos dröhnende Fahrt nach Hause. Eine Woche keinen Sex. Und dann: »Carlotta, muss das sein?«

Auf dem Teppichboden gab es nichts zu sehen, dennoch hakte sein Blick in den grauen Baumwollschlingen fest, folgte den Abdrücken seiner Schritte von der Tür zum Schreibtisch. Durch die plattgetretenen Stellen entstand ein Relief im glatt gesaugten Schlingenmeer. Carlotta fand, der Boden sehe stets unordentlich aus, was er mit der Bemerkung quittierte, sie müsse ihre Ordnungsliebe nicht ausgerechnet bei seinem Teppichboden entdecken. Von nebenan erklang eine Lachsalve, wie er sie nie erlebte, wenn er zugegen war. Etwas an dem Gelächter erinnerte ihn an den Literaturkreis der Mutter, der auch nur aus Frauen bestanden hatte. Die Mutter war damals kaum älter als Carlotta heute, aber er hatte sie als uralt erlebt. Auch Carlottas Freundinnen sind alt, dachte Marquard, nahm das Urteil aber sofort zurück. Die Frauen waren attraktiv, sie gefielen ihm, zumal in den anklebenden Laufshirts, bis auf eine, die an Rücken und Bauch wellig zerfloss. Es war wohl so, nicht das Aussehen stellte das Alter ins Zentrum, es war ein Wissen, ohne nachzudenken, evolutionär wahrscheinlich, dass er als Mann noch alles vor sich haben konnte, die Frauen aber nicht. Ich kann noch immer wählen, das macht den Unterschied, dachte er. Auch wenn die Wahl schon getroffen ist, sie kann jederzeit revidiert werden. Dieses Ungleichgewicht lastete auf ihm, auch wenn er es nicht hergestellt hatte. Wegen dieser Schräglage misstraute er Carlottas Lachen. Carlotta, bereust du die Entscheidung gegen ein Kind?

Er hatte die Frage nie gestellt. Nun dürfte es zu spät sein. Leichter wurde die Sache dadurch nicht.

Marquard schaltete den Computer ein, er wollte sich ablenken, Karten spielen.

Aus dem Flur tönte es: »Tschüss Marquard!« Er rief einen Gruß zurück, steckte dabei kurz den Kopf durch die Tür. Die Frauen umarmten sich, als sähen sie sich in ihrem Leben nie wieder. Wenn er mit seinen Kollegen Doppelkopf spielte, sagte man am Schluss: »Na gut«, ging zur Tür, »bis dann«, und verschwand.

Carlotta kam in sein Zimmer und warf sich auf das Büffel-Sofa.

»Warum hast du nicht Tschüss gesagt?«

»Hab ich doch.«

»Aber aus der Ferne.«

»Tschüss ist Tschüss.«

Carlottas Blick sezierte ihn, wie um Schichten von ihm freizulegen, bis sie auf weitere Antworten stieß. Marquard fühlte sich aufgerufen, ihr diese Arbeit zu ersparen. Nur war eben alles gesagt. Er wandte sich seinem Bildschirm zu. Gegen seinen Willen blieben seine Ohren auf Empfang geschaltet. Eine Weile starrte sie zu ihm hin, ihm wurde warm, als hätte sie ihr Werkzeug erhitzt. Er konzentrierte sich auf sein Computerspiel. Carlotta atmete hörbar aus und sagte, sie gehe duschen.

Im Badezimmer rauschte das Wasser. Carlotta stand jetzt unter der Dusche. Er könnte ihr folgen. Einfach den Vorhang zur Seite ziehen. Es wäre ein guter Neustart in den Tag, ein gemeinsamer, der ein Hand-in-Hand-Gehen für das Wochenende erleichtern würde. Aber ihr Blick hatte ihn mit seinem Schreibtischstuhl verlötet.

Carlotta hatte vom Bad zum Kleiderschrank eine Spur aus abgeworfenen Sachen gelegt, Sporthemd, Hose, Wäsche, Socken, Handtuch. Alle Versuche, ihr wenigstens ein gewisses Maß an Ordnung abzubetteln, waren gescheitert. Marquard sammelte ein Teil nach dem anderen ein und warf das Bündel auf ihre Seite des Bettes.

Carlotta wechselte durch die Räume und redete. Sie hielt den Hörer ans Ohr, sonst hätte man gedacht, sie führe Selbstgespräche. Beim Anblick des Mobiltelefons stellten sich in ihm Szenen aus amerikanischen Serien ein, in denen Geld keine Rolle spielte. Sie hatte das Ding unbedingt haben wollen, in ihrem Bild von sich sollte die neue Technik vorkommen. Er hätte gewartet, selbst in der Firma war die Telefonanlage noch nicht umgestellt, erfüllte Carlotta aber doch den Wunsch auf ihre erste Bemerkung hin. Und das Teil stand ihr, eindeutig. Wie sie herumlief, in ihrem strandfarbenen Kleid, das die Knie freiließ und geschnitten war wie sein Safari-Hemd, nur ohne Ärmel, mit den Goldohrringen und dem Flammenmund, wollte er sich mit ihr zeigen, überall.

Carlotta tippte auf den Hörer, es klickte, das Gespräch war beendet. »Stadtbummel?«

Er verbuchte ihre punktgenauen Landungen unter Sich-Verstehen, in Wahrheit fühlte er sich durchschaut.

»Osten gucken?« Carlotta drehte sich vor dem Spiegel.

»Gut, lass uns die S-Bahn nehmen und einen Rundweg machen.« Sie waren seit der Einheitsfeier nicht drüben gewesen.

Marquards Blick wischte noch einmal über die Schlagzeile der Sonntagsausgabe. Das Foto mit dem ausgebrannten Haus. Welche Gründe mochten den Mann getrieben haben. Einfach alles niederzubrennen. »Carlotta …?« Nur, was sollte sie ihm schon antworten. Dass es mehr Verrückte gab, als man glaubte. Dass ihn der fremde Mann doch nichts anginge. Auf ihr »Ja?«, reagierte er nur mit: »Nichts.«

Der Weg von der Handjerystraße zur S-Bahn-Station Friedenau führte an einem Haus vorbei, vor dessen lehmgelber Fassade Hortensien in wechselndem Blau einen breiten Saum bildeten. Die Kombination erinnerte ihn an die Bretagne, an Locronan, wo bei dem Versuch, die Schattierungen einzufangen, sie sich festfotografiert hatten, er und Maria. Nur dass damals das Blau so schwelgte wie alles, der Regen, die Sonne, selbst der Schmutz auf der Straße. Er wandte den Blick ab. Hortensien. Maria. Marias Körper hatte allen Hortensien ein Brandzeichen aufgedrückt. Er griff nach der Hand neben sich und verschränkte sie mit seiner, damit die Erinnerung nicht dazwischen passte. Carlotta erwiderte mit einem kurzen Druck und winkelte die überkreuzten Arme an, so dass sie nach vorn wiesen, auf ein Ziel zu, wie bei einer Wanderschaft.

»Riechst du?« Carlotta neigte den Kopf zurück.

»Lindenblüten.« Zu ihm war der Duft den gesamten Weg über gebrandet, süß und nach Beginn, aber eine Spur von Welken lag darunter.

»Sommer«, sagte Carlotta und setzte ihre Sonnenbrille auf.

Neben ihnen zischten Bewässerungsschläuche. Sogar die Kinder auf dem Klettergerüst bewegten sich in der Wärme langsamer als sonst.

»Ja«, sagte Marquard. »Komm, wir kaufen uns ein Eis.«

Fremd wurde es hinter dem Anhalter Bahnhof. Sie passierten eine Grenze, auch wenn es sie nicht mehr gab, von der S-Bahn so selbstverständlich durchstoßen, dass die Passagiere aus Ost und West schauen mussten, wie sie damit zurechtkamen. Potsdamer Platz. Die Station beleuchtet mit Neonlicht aus einer lang vergangenen Zeit, Kabel liefen über die Wände. Dem Namen fehlte das »tz«.

Unter den Linden, ein Ansatz von Leben. Trotzdem durchliefen ihn Bilder vom früheren Geisterbahnhof: Schritt-Tempo-Fahrten durch fahles Licht, auf dem Bahnsteig ein einsamer Grenzer, die Waffe im Anschlag. Er selbst hatte dem Experiment DDR nie eine Chance eingeräumt, die ganze Angelegenheit stets für einen unzulässigen Menschenversuch gehalten, bei dem man außer Bewachung und Beschnüffelung ramponierte Straßen, leere Auslagen, Schlangen vor Ständen mit Obst geboten bekam. Dazu ein Grau, das alles durchdrang, die Optik, die Gesichter, selbst die Stimmung. Grau verschmutzt. Alles, auch die Farben, die diese Bezeichnung nicht verdienten, ob es um Bekleidung ging oder um Autos. Wie konnte eine chemische Industrie nur einen Lack herstellen, derart stumpf und pigmentarm, dass die Benutzer der armseligen Kisten mit dem Motorengeräusch einer Nähmaschine sich schämen mussten, wenn die Glanzkarossen des Westens vorbeizogen. Die Bedeutung des Autos für das Selbstbewusstsein der Menschen hatte man hier sträflich unterschätzt. Wahrscheinlich hätten die Leute standgehalten, wenn dem Staat die Versorgung der Bevölkerung mit anständigen Autos gelungen wäre.

An der Friedrichstraße war die stählerne Sichtschutzwand, die früher die Welten getrennt hatte, verschwunden, ohne eine Spur zu hinterlassen, und das Leben vermischte sich mit einer Selbstverständlichkeit, der Marquard misstraute. Carlotta hängte sich bei ihm ein und machte ihn auf Jeans aufmerksam, durch deren Maschinenblau sich helle Linien zogen, auf Vokuhila-Frisuren, deren Look bei ihnen als vorgestrig galt. Er reagierte kaum auf Carlottas Hinweise, weil er sich unwohl fühlte, ein Preisrichter, der nicht nur andere bewertet, sondern auch sich selbst Punkte vergibt.

»Das ist jetzt alles uns«, sagte Carlotta. Es war als Scherz gemeint, Carlotta hätte nicht blinzeln müssen, ein Scherz, der für seinen Geschmack missglückt war, aber exakt zu Carlotta passte.

Unter der Brücke der Friedrichstraße staute sich der Verkehrslärm. Carlotta deutete auf ihre Ohren, dann in die Richtung, die sie eingeschlagen hatten und zog an seinem Unterarm.

»Ganz schön trist«, sagte sie, nachdem sie eine Weile gelaufen waren.

»Die werden unseren Bahnhof Zoo auch als erschreckend erleben, oder was denkst du?« Carlotta schwieg zu seiner Bemerkung. Offenbar sprangen bei ihr andere Bilder auf als bei ihm, der drogensüchtige Stricher vor sich sah, die sich am Ausgang zur Jebensstraße herumdrückten, Penner, die vor den Schließfächern in filzigen Schlafsäcken kauerten. Er sah seine Frau von der Seite an. Ihr Blick senkte sich von oben auf die Welt. Sie schlenderten die Straße Unter den Linden hoch bis zur Brücke über der Spree. Der Berliner Dom spiegelte sich im braunen Fensterglas des langgestreckten Gebäudes jenseits der Straße.

»Was für ein Name, ›Palast der Republik‹.« Marquard blieb stehen.

»Alte Sehnsüchte gemischt mit neuen Ideologien.«

»Manches geht einfach nicht zusammen.«

»Jedenfalls sind sie befreit – und das ohne Blutvergießen. Ein Wahnsinn«, meinte Carlotta.

»Befreit – das werden viele hier nicht so sehen.« Er dachte an Runge, den verstockten Neuzugang im Team aus dem Ostteil der Stadt, der seine Ostigkeit beharrlich zur Schau stellte.

»Dann müssen die eben aussterben. – Ich brauche einen Kaffee.«

»Komm, lass uns noch die Baustelle der neuen Friedrichsstadt-Passagen ansehen, dann gehen wir im Westen Kaffee trinken.« Er wollte weg.

Die Bauruine aus DDR-Zeiten stand mit ihren pseudoorientalischen Außenwänden verlassen herum. Carlotta sagte fragend »Lafayette?« und schaute auf das einsame Bauschild, mit dem ein westliches Unternehmen im Angesicht des Halbfertigen verkündete: »Friedrichstadt-Passagen – Bald im Bau.« Marquard las es mehrfach.

»Nach Hause?«, fragte Carlotta am Eingang zur U-Bahn-Station.

»Nein, zum Kudamm.«

»Ist aber kein langer Samstag, der war letzte Woche.«

»Egal.« Ihm kam es nicht auf die Geschäfte an. Er wollte sich der bekannten Seite der Welt versichern, sehen, dass sie noch unbeschadet war und die neue, die ihnen allen noch viel abverlangen würde, für eine Weile vergessen.

Als die U-Bahn stand, zog Marquard die Türgriffe zur Seite. Dabei teilte er einen aufgesprühten Kopf der Länge nach durch.

Er bestand darauf, heute etwas im Kranzler zu trinken, sein erster Besuch in dem Touri-Laden. Carlotta verzog das Gesicht und saß stumm neben ihm. Er konzentrierte sich auf das alte Leben, das unbeeindruckt vorbeifloss. Den Tropfen Traurigkeit, den er schmeckte, weil die Besucher aus dem Osten so leise sprachen, so ängstlich schauten, den Westlern den Weg so selbstverständlich freigaben, schluckte er schnell herunter. Die Serviererinnen mit ihren rosafarbenen Schürzen und den Schleifen, die ihnen über den Kopf ragten, hielten die Zeit an, die sich das gefallen ließ. Carlottas missbilligenden Blick ließ Marquard an sich abprallen.

Der Anrufbeantworter zeigte Nachrichten an. Marquard hoffte, Carlotta hörte die Aufnahme ab, er hasste diese scheppernden Kommandos aus dem Nichts, die auf ihn zugriffen. Aus dem Flur hörte er: »Ist was auf dem AB?« Also nahm er doch das Telefon von der Station und drückte auf die rote Signaltaste. Die Stimme der Mutter, Vorwürfe kippten über ihn. »Warum organisierst du eigentlich nicht den Geburtstag? Wir müssen doch Bescheid wissen.« Carlotta hatte auch schon Druck gemacht: »Lass dich nicht immer treten.« Der siebzigste Geburtstag der Mutter im Oktober, die Eltern hatten im Frühjahr entschieden, ihn in der Hauptstadt zu feiern, »Die ganze Familie, Marquard, das wäre doch schön.« Sein ausdrucksloses »Ja« war in den Hörer entwischt, er hätte freundlicher sein sollen zur Mutter. Nun war er der

Sache ausgeliefert und musste anrufen, um die Daten zu klären.

Als Carlotta aus dem Bad kam, war die Angelegenheit erledigt, das Ergebnis, drei Nächte, also knappe drei Tage, das war in Ordnung, gerade so.

»Freust du dich denn kein bisschen?« Sie stand vor ihm und umfasste ihre Oberarme, als fröre sie, mitten im Sommer. Ihre Haut wirkte eingerahmt von dem weißen Frottee besonders braun.

»Doch, an dir.« Er löste die Schlaufe ihres Bademantels, hob Carlotta hoch, bis Mund auf Mund passte. Die Jeans spannte in seinem Schritt. »Komm«, er zog sie zum Schlafzimmer, wollte sie tragen, griff unter ihre Knie.

»Marquard, wir sind bei Dreulings zum Essen eingeladen.«

»Dann kommen wir eben später.«

»Nein, würde ich umgekehrt auch nicht wollen. Ziehst du ein Oberhemd an?«

Oberhemd. Das zählte.

Gestern, nachdem er aus der Firma zurück war, hatte er Gedanken an das Labor in die Warteschleife geschickt. Er war um den Schlachtensee gejoggt und hatte sich später auf die Steuererklärung gestürzt. Mit dem Nicht-an-etwas-Denken hatte er Erfahrung, es gelang, wenn er den Raum für die unerwünschten Eindringlinge mit Ersatz füllte, nicht wenn er versuchte, ins Nichts zu flüchten. Nur morgens, im Aufwachen, hatten sie freie Bahn, sie sprangen ihn an und jagten sein Herz in den Sprint.

Als der Pfefferminzgeschmack klinisch durch seinen Mund zog und die Zahnputzbecher ihm wie Messzylinder gegenüberstanden, fühlte er, das Labor rückte mit schlechten Nachrichten auf ihn zu. Es war am besten, sofort zu agieren und früh ins Unternehmen zu fahren.

Er sah noch durch das Mikroskop, als das Telefon klingelte.

»Hauffe, guten Morgen. Nichts, oder?«
»Richtig.« Warum war Sandra schon da?
»Ich komm mal rüber.«
»Okay.«

Sie dürfte ihn gehört haben, das Klappern der Schlüssel, und hatte ihm gerade so viel Zeit gegeben, wie er ihrem Gefühl nach brauchte, um sich über das Ergebnis zu vergewissern.

Marquard beugte sich erneut über das Okular, nur, um die Zeit bis zu Sandras Eintreffen herumzubringen. Hoffnung gab es keine. Auch im Affenhirn war der Wirkstoff nicht nachzuweisen.

Er überließ Sandra den Platz vor dem Mikroskop. Sie bewegte sich langsamer als sonst. Ein paar Sekunden vergingen, ihre Hand stellte scharf, danach wieder keine Regung. Sie wandte sich zu ihm. »Und jetzt?«

Sandra wusste so gut wie er, die Versuche gingen zurück auf Start. Sie würden mit längeren Kohlenwasserstoffketten beim Träger des Wirkstoffs experimentieren und hoffen, er bliebe nicht wegen seiner Größe an der Blut-Hirn-Schranke hängen. Gegenüber dem Team musste er den Dämpfer auf jeden Fall bagatellisieren.

»Wir suchen einen neuen Carrier, Frau Hauffe, was sonst.«

»Ja sicher, aber ich brauch ein paar Tage, um das hier zu verdauen.«

Als sie weg war, machte er sich auf den Weg in den Waschraum. Er nahm die Brille ab, fing mit beiden Händen kaltes Wasser auf und schaufelte es in sein Gesicht. Bevor er sich mit nassen Händen durch den Nacken fuhr, trank er in kräftigen Schlucken aus dem Hahn. Kurz wurde der Kopf schwer, er ließ ihn ins Handtuch sinken, bevor er sein Gesicht trockenrieb. Zum Schluss schob er die Brille auf die Nase und manövrierte sie wie immer durch Hochziehen der Augenbrauen auf ihren Platz. Marquard war wieder er selbst.

Besuche

Auf dem Bahnsteig sofort das Gefühl, sie hätten miteinander nichts zu tun. Niemand mit dem anderen. Der Vater schleppte den Koffer, bemüht, ihn nicht gegen seine Beine schlagen zu lassen, was immer wieder misslang. Marquards Bild: Der Versuch des Vaters, einen fähigen Mann darzustellen, galt dem Sohn. Die Mutter einen Schritt dahinter, winkend, als müsste sie auf sich aufmerksam machen. Zwischen den beiden auf halber Höhe Rosalie mit ihrer Kupfermähne. Eine Weile hatte sein Haar dem Rosalies geglichen, zu Schulzeiten galt er als Rotfuchs. Glücklicherweise dunkelte die Farbe mehr und mehr nach, nahm das Braun des Barts an, in dem nur ein metallischer Schimmer schmolz. »Da seid ihr ja.«

Die Mutter nannte seinen Namen und präsentierte ihre Wange. Er neigte sich, bis sich die Gesichter kurz berührten. Mit dem Vater tauschte er wie üblich ein »Guten Tag« aus und gab ihm die Hand, ein erleichterndes Ritual. Bei Rosalie fügte er der Geste einen Griff um die Schultern hinzu, die sich im Vergleich zu denen Carlottas katzenhaft zart anfühlten. Auf dem Weg zur Rolltreppe erzählte die Mutter von der Reise, über die es nichts zu berichten gab. Der Vater fragte, wo das Auto geparkt sei, und sprach von »Zoobahnhof«. Rosalie fand, im Bahnhof habe sich nichts verändert. Marquard widersprach, der ostige, aus den Eisenbahnwagons strömende Mief war verschwunden. Nichts roch mehr nach Lysol. Er griff nach dem Koffer.

»Geht schon«, sagte der Vater, aber er ließ Marquard gewähren.

Die Eltern hatten sich ganz auf den Wetterbericht verlassen, sie trugen beide einen Trenchcoat über dem Arm, was angesichts der spätsommerlichen Temperaturen verschroben aussah. Der Vater in seiner Anzugjacke, die Mutter in einem Aufzug, den sie Reisekostüm nannte, Westdeutschland, sie trugen das vor sich her. Über Rosalie dagegen konnte man hinwegsehen, nicht, weil sie belanglos ausgesehen hätte, sondern weil sie überall hinpasste in ihrer olivgrünen Cordjacke, die Reisetasche aus Stoff über der Schulter. Sie fragte nach Kunstausstellungen, sagte »Klamotten will ich aber auch kaufen«, stöhnte, weil sie Hunger hatte.

»Hoffentlich«, sagte der Vater immer wieder. Marquard wunderte sich über das Ausmaß von Hoffnung, aber noch mehr über die Zweifel, die so unverhohlen zum Ausdruck kamen, und die er auf sich bezog, obwohl der Vater so auch über das Wetter und nicht nur über das gebuchte Restaurant oder Hotel sprach. Hoffentlich habe Marquard ein Komfortzimmer bestellt. »Wir sind doch wieder in der Pension Linda, oder?« Der Satz, wie das Geräusch, wenn etwas über ein Fensterblech kratzt und man sich am liebsten die Ohren zuhält, Marquard dachte, auch hier wäre noch Platz für ein hoffentlich gewesen. »Weißt du, ohne eigenes Bad, das ist nichts mehr für uns.« Ja, wusste er und wiederholte nur das Wort Komfortzimmer, weil ein ganzer Satz die Gefahr barg, zu viel von seiner Stimmung zu verraten.

In der Pension schwärmte die Mutter »Alt-Berlin« und klinkte die Doppelflügeltür zu. »Ach ja.«

Der Vater sagte: »Kennen wir doch schon«, sah aus dem Fenster und fügte hinzu: »Gut, sie haben uns ein Zimmer nach hinten gegeben«. Marquard hatte

das wegen des Straßenlärms ausdrücklich so gebucht.
Es lagen noch der Abend und zweieinhalb Tage vor ihnen.

Rosalie nahm ihren Walkman von den Ohren, als Marquard wieder ins Auto stieg. Sie hatte sich nach vorn gesetzt, während er die Eltern in der Pension Linda ablieferte.
Er war kurz davor, das Radio anzuschalten, es gelang ihm gerade noch, die Bewegung in Richtung zu einem der hergerichteten Altbauten zu lenken. »Schau, langsam tut sich was.«
»Eine Menge. Hab ich schon bei der Fahrt gedacht. Alles ist irgendwie lebendiger.«
»Findest du?« Die Einkaufsbusse aus Polen hätte er nicht unbedingt lebendig genannt.
»Wahrscheinlich wird man betriebsblind, wenn man das jeden Tag vor Augen hat.«
Marquard fand, eine Unterhaltung zu beginnen, lohne sich für die kurze Fahrt nicht, auch wenn er sich freute, Rosalie um sich zu haben. »Alles okay?«, warf er deshalb nur hin.
Sie sah ihn von der Seite an, er registrierte es aus dem Augenwinkel. »Ja, soweit schon.«
»Und die WG?«
»Läuft, alles ist eingespielt.«
»Der Beruf?«
»Ich unterrichte die Zivis nicht mehr. Ich arbeite jetzt beim Paritätischen Wohlfahrtsverband, da hab ich freie Wochenenden.«
»Gut, freut mich.« Ihm würde es das ewige Kürzel für die Zivildienstleistenden ersparen.

»Und dann leite ich noch Gruppen, Trauerarbeit.«
»Wer macht denn so etwas freiwillig?«
»Warum staunst du da so drüber?«
Diese Fragen, die für ihn kaum zu beantworten waren, weil die Antwort sich von selbst verstand. Wer wollte sich mit fremder Traurigkeit umgeben. Reichte nicht die eigene? »Nur so«, antwortete er, und suchte auch schon nach einem Parkplatz.

Carlotta sprach den Namen seiner Schwester aus, als staunte sie über ein Geschenk. Marquard fragte sich, ob Carlotta den Tonfall aufsetzte, die Beherrschtheit traute er ihr durchaus zu. Mehr als einmal hatte Carlotta über Rosalies wechselnde Männerbeziehungen hergezogen, ihr WG-Leben als Wohnerei bezeichnet. Auf der anderen Seite förderte sie aber auch den Kontakt mit Rosalie: »Marquard, ruf doch mal wieder deine Schwester an.« Ein Satz, der öfter fiel, zu oft für ihn. Vielleicht gewann Carlotta Rosalie ja wahrhaftig etwas ab.

»Schöner Halsreif, zeig mal.« Carlotta war jetzt zweifelsfrei interessiert.

»Von meinem Ex.«

»Welchem?« Carlotta drückte ihre Hände auf Rosalies Oberarme und lachte.

»Na, von Klaus.«

»Ist mit dem wieder Schluss?« Auch schon wieder, hatte Carlotta nicht gesagt, aber für ihn hörbar gemeint.

»Sie ist doch noch jung, Carlotta.«

Carlottas Gesichtsausdruck veränderte sich. Dann warf sie den Kopf nach hinten und lachte, er wusste nicht, was hier vor sich ging. Mit ihren dreiunddreißig war Rosalie doch jung.

»Noch«, sagte Carlotta und wandte sich an Rosalie, »noch, hörst du? Dein Bruder ist übrigens einundvierzig, aber das weißt du ja.«

»Was laufen hier denn für Kisten?« Rosalies Zeigefinger wies abwechselnd auf Carlotta und ihn.

»Nur Spaß. – Was war los bei Klaus und dir?«, lenkte Carlotta um.

»Na, ja. Viel Streiterei, kein richtiger Kontakt mehr.«

»Das alte Problem.«

»Ich geh was arbeiten.« Beim Thema Männer verschwand Marquard nach Möglichkeit. War er anwesend, kam er sich vor, als belauschte er ein Gespräch, bekam mit, was für seine Ohren nicht bestimmt war, mochte tatsächlich auch ein anderer Mann Gegenstand des Gesprächs sein. Wissende Blicke, kräftiges Ausatmen, kurzes Stöhnen, all das galt auch ihm, ganz sicher. Sie standen zusammen und schlossen ihn aus. Er wollte auch nicht hören, was sie da alles ausbreiteten. Es wäre zu viel, viel zu viel.

Er nahm die neue »Cell« zur Hand, mit der Fachzeitschrift blendete er leicht weg, was in der Küche vor sich ging oder das Pflichtprogramm des Abends bescherte. Der Artikel auf dem Deckblatt, Marquard las nur »Transport of the Neurotransmitter Dopamine«. Exakt sein Thema. Sofort schlug er die entsprechende Seite auf, hoffentlich hatten die Amerikaner sie nicht rechts überholt. War das Team weiter als sie, war das nicht aufzuholen. Mehrfach las er die Überschrift. Sei's drum, er musste es hinter sich bringen. Die Amerikaner hatten den Wirkstoff ebenfalls mit einem vergrößerten fetthaltigen Carrier an die lipophile Membran angepasst, damit sie ihn passieren ließ. Offenbar hatten sie dieselbe

Größe zugrunde gelegt. Auch sie waren damit gescheitert. Beruhigend. Aber sie waren dicht hinter ihm.

Es klingelte, er legte die Zeitschrift zur Seite. Eine Stunde war vergangen, seitdem er die Eltern abgesetzt hatte. Sie kamen zu früh. Er war schon niemand, der sich verspätete, aber vor der Zeit zu erscheinen, darin sah er ein Vergehen. Man hatte seinen Bereich eben noch nicht für Fremde geöffnet. Wobei die Eltern streng genommen natürlich nicht fremd waren.

Rosalie stand in der Diele und erwartete die Eltern, die sich mit den Altbau-Stufen abmühten. In den hohen Räumen verlor sich Rosalie fast. Ihre taillenlange Lockenfrisur, die im gedimmten Licht der Halogenstrahler goldfarben wirkte, ließ Marias Bild aufspringen. Aber Maria war größer, durchscheinender, und das Helle um sie herum strahlte. Er stellte sich neben die Schwester, um dem Licht die Kraft zu nehmen, was auch gelang. An seiner Seite stand nur Rosalie. Breit machte er sich neben ihr, fand er, ein Mann, der ein Elfenwesen unterdrückte. Dabei war er nicht einmal besonders massig. Und bestimmt schränkte er Rosalies Raum nicht ein. Ihrer war größer als seiner.

»Schön, bei euch zu sein«, Rosalie berührte kurz seinen Arm. Wie sie ihn so ansah, erkannte er die Ähnlichkeiten mit sich selbst. Die Nase mit der Einkerbung am Übergang zur Stirn, das Kinn mit seinem deutlichen Polster auf der Spitze, weich und entschlossen zugleich.

Beim Schritt über die Schwelle befand der Vater: »Ihr braucht einen Lift«, was Marquard verneinte. Die Mutter stand noch im Hausflur und atmete tief ein und aus.

Mit Carlotta wehte Bratenduft in die Diele. Sie begrüßte ihre Schwiegereltern mit »Vater« und »Mutter«, auch wenn Vornamen akzeptiert waren. Sie glaubte, die Anrede freue die Eltern. Er beneidete Carlotta um die Lässigkeit, sprach seine Schwiegereltern selbst mit »Margit« und »Fred« an, fühlte sich dabei aber kindisch, das Gegenteil von dem, was beabsichtigt war.

Carlotta stieß den Abend an wie eine Billardkugel, deren Weg sie vorausberechnet hatte. Im Hintergrund sang Kiri Te Kanawa Jazzstandards mit Klassikstimme, das Essen tauchte nach dem Aperitif auf, als werkelten in der Küche heimlich Helfer: pürierte Kürbissuppe, Rinderbraten mit Pilzen, eine Apfel-Mascarponecreme mit Walnüssen. »Es ist ja Herbst«, quittierte Carlotta die Komplimente. Rosalie half ihr auf Zeichen, die ihm verborgen blieben. Was er nicht verstand: Warum strengte sich Carlotta derart an, um den Abend exakt nach ihren Vorstellungen ablaufen zu lassen. Die Mutter stellte keine großen Ansprüche, Rosalie wünschte sicherlich, dass alles lockerer ablief. Der Vater war bekannt für seinen Spruch: »Männer können so einen schönen Abend haben, Bier, ein paar Buletten und dann kommen die Weiber mit ihren Serviletten und verderben einem alles.« Er selbst schloss sich dem Vater da ausnahmsweise an.

Die Frauen klapperten in der Küche, er hatte gar nicht erst Anstalten gemacht, seine Hilfe anzubieten. Lass ruhig, Marquard, er nahm das vorweg.

»Dass die Bayern Jupp Heynckes entlassen haben, nicht zu fassen!« Der Vater sprach wie immer zu laut. Jetzt, wo sie allein im Raum waren, war das nicht zu überhören. Die Hauptsache war, bei einem unverfänglichen Thema zu bleiben. Sicherheitshalber warf Marquard den Namen »Lerby« in die Debatte, der Fußball sollte weiter im Spiel bleiben.

Der Vater nahm den Ball an. »Die Entscheidung von Hoeneß war falsch«, Lerby wohl ein guter Spieler, »damals bei Ajax, erinnerst du dich?«, aber als Trainer nicht zu gebrauchen, »da ist er nicht lange, garantiert«. Plötzlich stockte das Geplauder, sofort sprang Marquards Blick zur Fernsehzeitung. Er überlegte noch, ob er darin blättern konnte, da kamen die Frauen zurück.

»Was ist denn jetzt mit deinem Medikament?« Die Mutter beschrieb das Elend des an Parkinson erkrankten Nachbarn, sein Warten, als fehlte es ihrem Sohn an Einsatz. Marquard skizzierte kurz den Stand, der Wirkstoff sei nicht im Gehirn der großen Versuchstiere angekommen. »Die armen Tiere«, flocht die Mutter ein. Das bedeute zurück auf Feld eins, in Zahlen zwei Jahre. »Zwei Jahre«, wiederholte die Mutter in der Tonart einer Todesnachricht. Er unternahm gar nicht erst den Versuch erneut zu erläutern, warum zwei Jahre vergingen, wenn in der Vorklinik ein Medikament erprobt wurde. Es half nicht zu erklären, der heilende Wirkstoff müsse nicht nur bei Kleinsäugern, sondern auch bei Schweinen und Affen im Organ angekommen sein, ein Erfolg sich als reproduzierbar erweisen, die Toxizität abgewartet werden, auch in der Langzeitwirkung, Wechselwirkungen getestet und vieles mehr. Die Mutter erreichte er mit diesen Erklärungen nicht, sie konnte oder wollte sich die Dinge nicht merken, ihr ging es nur darum, mit einem Erfolg des Sohnes zu glänzen. »Es sind schon neue Gelder für die weitere Forschung in Aussicht gestellt«, hörte er sich sagen und wusste nicht, was er bezweckte.

»Ach«, quittierte Carlotta schnippisch.

»Hoffentlich erleben wir das noch.« Durchsichtig der Versuch des Vaters, dem Satz einen scherzhaften Ton umzuhängen. Auch der Vater würde sich über einen spektakulären Durchbruch freuen, das stand fest. Sicher befriedigte es den Vater jedoch in gleichem Maße, wenn ein Doktor der Naturwissenschaften immer wieder scheiterte, während er als Technikermeister bei den Stadtwerken Bochum die ganze Stadt am Leben gehalten hatte.

Marquard wies lediglich darauf hin, dass sie doch nicht an Parkinson litten. Alles andere ersparte er sich.

Die Eltern waren in den Herbstabend geschickt, Rosalie lag im Gästezimmer am anderen Ende der Wohnung. Er schloss die Schlafzimmertür hinter sich und umfasste Carlotta von hinten. Die Bluse, der BH, so dünn, kein Hindernis, so glatt, ein Versprechen. Carlotta wölbte sich in seinen Händen, die einen Augenblick liegen blieben und Carlottas Weichheit festhielten. Seine Nase hinter ihrem Ohr, ihr Geruch, aufregend und besänftigend zugleich, seine Hände wanderten bis zu ihren Hüften, die er an seine drückte, damit sie ihn spürte. Er fuhr mit den Händen unter ihren Rock, nach oben bis zum Rand der Strumpfhose, zwischen Haut und dehnbarem Stoff wieder nach unten. Sie hatte schon schneller und heftiger auf ihn reagiert. Aber sie drehte sich zu ihm und tastete in seinen Hosenbund. Carlotta lachte, sein Hemd hatte sich im Reißverschluss verklemmt, er zerrte ihn allein nach unten. Es war nicht wichtig, ob sie sich beugte, oder er sie, sie ihn auf sich zog oder er sie. Warm und kräftig, der Druck ihrer Hände hinten. Als Marquard zu ihr kam, war er einfach nur da.

Es hörte auf zu regnen, sie konnten noch nach Potsdam aufbrechen. Die Mutter freute sich auf den Geburtstagskaffee, Marquard dämpfte die Hoffnung, dort ein schönes Café zu finden. Er nahm den Weg durch Wannsee, der Vater neben ihm redete viel und schnell, die Mutter legte ihrem Mann von hinten die Hand auf die Schulter. Carlotta sagte: »Mach mal das Radio an«. Rosalie wippte unter ihrem Walkman.

Bevor Schloss Glienicke sichtbar war, fragten die Eltern schon, ob sie in der DDR seien, zuerst der Vater, dann die Mutter. Marquard verwies auf die Glienicker Brücke, Agentenaustausch, »wisst ihr doch«.

»Ach ja.«

»Hier«, das Auto rumpelte über die Schwelle zur Brücke.

»Schön«, Rosalie drehte den Kopf erst nach links, dann nach rechts, immer der Havel zu, er sah es im Rückspiegel. »So viel Wasser«, schwärmte sie.

Der Vater starrte nach vorn und zog den Kopf ein. Die Mutter fand alles sehr kaputt.

Marquard stellte das Auto vor einem Fischlokal ab. Spruchbänder an den Schaufenstern priesen die Vorzüge des Fischessens für die Gesundheit. Das Lokal war geschlossen.

Ein Bus fuhr mit der Reklame der Dresdner Bank herum, daneben hopste ein Trabant über das Kopfsteinpflaster, die Straßenbahn kreischte das Blau-Weiß der Hypo-Bank in den Qualm. Im Hintergrund Plattenbauten, unberührt vom Wandel.

»Alles so komische Namen«, bemerkte Carlotta. Er sah hoch zum Straßenschild, Hermann Elflein, ihm sagte das auch nichts. Der Osten hatte sich entschieden mehr für die Dinge im Westen interessiert als umgekehrt.

Im Holländischen Viertel blieb er vor einem Haus mit Rundgiebel stehen, in dessen Fensterrahmen die Scheiben fehlten. Er sah durch das offene Dach in den Himmel.

»So viel Geld, wie man hier braucht, gibt es gar nicht.« Der Vater wandte sich um.

»Schrecklich«, die Mutter folgte ihm.

»Man braucht Fantasie und Geduld«, erwiderte Marquard. Die Mutter schaute misstrauisch.

»Denk mal an die Leute!« Rosalie wies auf die leeren Fenster. »Hier wird alles ausradiert. Fabriken, Banken, Versicherungen, alles abgewickelt. Und du sprichst von Geduld.«

»Die Fenster waren schon vor der Wende kaputt«, gab er der Schwester zurück, auch wenn seine Worte verpuffen würden.

»Was jetzt?« Carlotta trat zwischen ihn und Rosalie.

Marquard wunderte sich, dass Carlotta fragte, statt etwas vorzuschlagen. »Cecilienhof«, sagte er, das hatte einen Klang.

Die Häuser in der Jägervorstadt hätten dem Erscheinungsbild nach unbewohnt sein können. Vorgärten, um die sich niemand kümmerte, links von ihnen eine Badewanne, über die Unkraut wucherte. Dahinter bewegte sich eine Gardine.

»Warum machen die Leute das?« Die Mutter sprach zu der Gardine, als erwartete sie von dort eine Antwort.

»Kommunisten«, meinte der Vater, »kennen wir doch.« Der Satz des Vaters, einer der wenigen über Krieg und Russen, sonst nur einzelne Bemerkungen, »verschüttet«, »Männerlager«.

Rosalie murmelte etwas von »besserem Deutschland«.

Bevor Streit aufbranden konnte, ging Carlotta mit einem: »Kommt!« dazwischen, griff nach den Gedanken, sagte »Besichtigung«, sagte »Potsdamer Konferenz«, sagte »davor Kaffee trinken«. Wahrnehmen, wenn Verhalten einen Konflikt heraufbeschwor, den Verlauf in eine andere Richtung wenden, das war ihr Job, den sie, bei Licht betrachtet, immer ausübte, nur dass ihre Strategien bei ihm nicht verfingen.

Das Schild »Sie werden plaziert« hielt sie am Eingang zum Restaurant an. Die meisten Tische waren besetzt. Niemand nahm von ihnen Notiz.

»Man fühlt sich, als isst man ihnen was weg«, meinte die Mutter.

»Zu wenig zu essen?«, fragte der Vater mit weiten Augen und klopfte seine Taschen ab.

»Kommt«, sagte Carlotta wieder. »Wir fahren zurück und kaufen Kuchen im Wiener Café.«

Alle wandten sich zum Ausgang, die Eltern zuerst.

Carlotta war der Ansicht, als einziger Sohn müsse er statt des Vaters am siebzigsten Geburtstag der Mutter sprechen. »Du weißt doch«, meinte Carlotta, »dann eben du.« Ja, er wusste, der Vater hätte sich unter Druck gefühlt, schon am Tag seine Tabletten geschluckt und noch lauter und schneller gesprochen als ohnehin. Auch wenn Marquard das einsah, sträubte er sich, in die Lücke zu springen.

»Rosalie …«, begann er. Prompt unterbrach ihn Carlotta und wiederholte den Namen auf eine Weise, dass sie den Satz: Das ist doch Unsinn, nicht aussprechen musste. Es stimmte schon, Rosalie würde keine

Ansprache halten, sondern sich in Emotionen stürzen, mit denen er dann umgehen musste. Außerdem stünde er dumm da, wenn er die kleine Schwester vorschob. Dennoch kam es ihm stimmiger vor, wenn Rosalie die Rede für die Mutter hielte.

»Vergiss es«, sagte Carlotta.

Auf der Fahrt zum Seehof kürzte er die zurechtgelegten Sätze, bis es für ihn passte. Danach entspannte er sich.

Der Kellner führte sie an der Terrassentür vorbei zu ihrem Tisch. Gestern hätten sie noch draußen sitzen können, direkt am See, obwohl es schon Oktober war. Heute standen auf den Steinplatten Pfützen, in denen braune Blätter schwammen. Der Wind wehte die Ruten der Weiden in die Waagerechte, wie um einen Schlussstrich unter den späten Sommer zu ziehen.

»Oh Marquard«, kommentierte die Mutter den dicken Strauß Rosen auf dem gedeckten Tisch, sah kurz zu Carlotta, die vor sich hin lächelte.

Der Sekt war serviert, Carlotta nickte Marquard zu, er erhob sich und klopfte mit dem Dessertlöffel gegen sein Glas. Rosalie rutschte auf ihrem Stuhl leicht nach vorn, die Mutter schaute zu ihm hoch, der Vater auf die eigenen Hände. Eine wirkliche Rede war es nicht. Schön, dass alle zusammen sind, weitere Gesundheit, Gratulation, auf dein Wohl, aber die Mutter betupfte ihre Augenwinkel, alle hoben die Gläser und Marquard war Carlotta auf diffuse Weise dankbar. Rosalie trat auf die Mutter zu und umarmte sie, wie um sie zu trösten.

Die zweite Flasche Wein stand auf dem Tisch, der Vater wurde lauter, die Mutter legte ihm die Hand auf den Arm. Das Gespräch umkreiste Menschen, die

Marquard nicht kannte, ein Mitglied im Kegelclub, der neue Eigentümer der anderen Haushälfte, irgendwann schob sich die erweiterte Familie hinein, Marquard fragte, ob ein Verwandter angefangen habe zu studieren.

»Ja, und er hat den Führerschein«, sagte die Mutter, »im ersten Anlauf, weißt du noch, wie böse du warst?«

»Worüber?«, fragte Carlotta.

»Na damals, als Marquard durch die Prüfung gefallen ist.«

Er hatte es Carlotta nie erzählt. Ihr Gesicht bekam einen versteinerten Ausdruck. Sie würde nicht vergessen, dass sie solche Sachen nicht von ihm, sondern von der Mutter erfuhr.

Heute reisten sie ab und heute war das Fußballspiel. Er deckte den Frühstückstisch, bereitete die Kaffeemaschine vor, legte die Eier zurecht. In einer halben Stunde würden die Eltern kommen. Er packte seine Sporttasche. Rosalie rauschte im Bad herum. Carlotta lag noch im Bett, ein gelber Schmetterling in seinem Kokon. Er gönnte ihr noch ein paar Minuten.

Im Rascheln der Zeitung hatte er sie nicht kommen hören. Wie sie da stand, barfuß mit ihren zu Beeren lackierten Zehennägeln, den zarten Fesseln unter den muskulösen Beinen, der Haut wie vom ewigen Sommer, er musste aufstehen und seine Frau in den Arm nehmen. Wie frisch geschlüpft sah sie aus, sie benötigte keine Schminke, keinen Schmuck, keine sorgsam zusammengestellte Garderobe. Er hätte nichts einzuwenden, wenn sie so bliebe. Rosalie rief durch die Wohnung, das Bad sei frei, und Carlotta ging sich aufrüschen.

»Denk an den Sekt«, gab sie ihm noch mit. Dabei

wusste sie genau, niemand würde ihren Sekt wollen. Er selbst trank tagsüber keinen Alkohol. Nicht, dass er sich gefährdet fühlte. Ihm stieg bloß der Alkohol am Tag unangenehm zu Kopf, was keine Einbildung war, sondern ein naturwissenschaftlicher Befund, die Leber baute das Gift abends und nachts leichter ab. Dem Vater war Alkohol wegen der Tabletten verboten, es reichte, wenn er am Abend dagegen verstieß. Die Mutter und Rosalie würden passen und Carlotta selbst nippte auch nur am Glas. Aber ihr Bild wäre perfekt. Er stand vor dem Kühlschrank und streckte die Hand nach dem Flaschenhals aus.

»Lass doch, Marquard!« Rosalie hinter ihm löste mit ihrer Stimme Alarm aus. »Es trinkt ja niemand.«

Er ließ die Flasche liegen und nahm das aus dem Kühlschrank, was sie brauchten fürs Frühstück.

Die Schwester half ihm, Wurst und Käse auf Serviertellern zu verteilen. »Ist bei dir alles in Ordnung?«

»Ja, wieso fragst du?«

»Ich dachte, ich packe die Gelegenheit beim Schopf.« Sie fasste in sein Haar. »Wir sehen uns so selten.«

Sie telefonierten auch selten, es lag an ihm, er war kein Mensch fürs Telefon, konnte sich partout nicht überwinden, zum Hörer zu greifen. »Im Labor hakt es, das weißt du, aber sonst, nichts zu klagen.«

»Und mit Carla?«

»Was soll mit Carlotta sein?«

»Irgendwie ist hier die Lage verändert.«

»Dinge verändern sich.«

»Muss ja nicht stimmen.« Sie goss den Kaffee in die Warmhaltekanne.

Das Tischgespräch lief nach dem Frühstück vor sich hin. Er musste gleich weg, also begann er abzudecken. Wenn nur die Toxikologen vollständig aufliefen, Konrad vor allem dabei wäre. Ohne ihn standen die Chancen gegen die Kliniker und Finanzer schlecht. Er selbst war ganz gut am Ball, nicht der Schnellste, aber immerhin verfügte er über eine passable Schusstechnik. Bei Runge musste man von zwei linken Füßen sprechen, besser, er spielte ihm den Ball so selten wie möglich zu. Runge würde sich dann wieder ausgegrenzt fühlen, als Ostler, da konnte man nichts machen.

Marquard nahm seinen Platz am Tisch nochmals ein. Wenn er vom Fußball zurückkam, wäre die Familie schon abgereist in Richtung Bochum. Es war jetzt davon die Rede, sich die Beine vor der langen Fahrt zu vertreten, ein guter Zeitpunkt. Marquard ging nach nebenan, hängte die Sporttasche über die Schulter, kam zurück und gab zuerst der Mutter die Hand. »Ich muss los.«

»Wohin?« Sie hielt seine Hand fest.

»Fußballspiel im Betrieb.«

»Was, jetzt?«, rief Carlotta.

»Ja«. Seine Hand war frei, er drückte die des Vaters, die Rosalies. »Tschüss, bis demnächst.« Carlotta rief er noch eine Uhrzeit zu, wann er zurück wäre, und schnappte im Hinausgehen nur noch auf, dass sie vom »Zum Bahnhof Bringen« sprach.

Der Wind riss ihm die Autotür beinahe aus der Hand. Am Himmel jagten die Böen Wolken vor sich her, die Regen ankündigten. Für ihn war das Wetter unbedeutend, sie spielten heute in der Halle. Er glitt durch die Stadt, die Ampeln gewährten eine grüne Welle, es blieb ausreichend Zeit, sich warm zu machen.

Der Anzahl der Autos auf dem Parkplatz nach war er nicht der Letzte. Mit der Tasche über der Schulter sprintete er auf die Halle zu.

Konrad saß auf der Bank in der Umkleidekabine und schloss seine Fußballschuhe. »Tag«, damit begrüßte Konrad ihn, ohne den Kopf zu heben.

»Tag«, antwortete er, und »gut, dass du da bist.« Mit Konrad besaßen sie den besten Stürmer, er war außerdem ein guter Taktiker und eben der Kapitän.

»Hier.« Konrad schob ihm ein Hemd mit der Rückennummer 5 zu. Für ihn selbst liefe es also wieder auf die Abwehr hinaus, auch wenn er sich immer in den Sturm gewünscht hatte.

In der Halle waren sie gerade bei den Dehnübungen. Marquard berührte mit den Fingerspitzen den Boden, Konrad mit den Handflächen. Den Kopf in Höhe der Knie, sah Marquard den Finanzvorstand einlaufen, der Fußball spielte, wie um zu beweisen, dass er das Sagen im Unternehmen hatte. Er war vor dem Kerl oft zurückgewichen. Heute würde es besonders zur Sache gehen. Die beantragten weiteren Forschungsmittel waren gegen sein Votum als Finanzvorstand bewilligt worden. Mit einem Ruck richtete Marquard sich auf, dehnte die Arme so weit wie möglich nach oben.

Das Wasser in der Dusche lief heiß über Marquard und verstärkte den Schmerz auf seinem Schienbein. Wie es gekracht hatte, als der Finanzmann von hinten in ihn gegrätscht war. Trotz des Schmerzes war er weitergelaufen und im Ballbesitz geblieben. Die Überraschung im Gesicht des anderen, der dem Ball nachsah, wunderbar. Der kurze Pass zu Konrad, der verwandelt hatte. Drei zu zwei, das Endergebnis. Marquard trocknete sich ab. Um den Bluterguss am rechten Schienbein tupfte er herum.

»Sieht ja schlimm aus«, die Stimme des Finanzvorstands verriet dessen Freude über die Verletzung.

»War es wert.« Gut, dass die Gelder für die weiteren Experimente schon bewilligt waren. Leute wie dieser Typ konnten schlecht verlieren. Distanzhalten war das Beste. Der Finanzmensch zog ab.

»Willst du das nicht besser einem Arzt zeigen?« Konrad beugte sich über das Bein. »Das war richtige Körperverletzung. Ich hätte den Schiri eingeschaltet. Oder den Kerl vor allen zur Rede gestellt.«

»Ist vorbei. Ich kühl das gleich, dann ist gut.« Er wollte ohnehin nach Hause.

Beim Bremsen spürte er den Druck auf dem Schienbein. »War es wert«, eine gute Antwort. Sicher, er hätte auch sagen können: Lassen Sie mal, Ihre Stimme verrät Sie. Nur wer wusste, was ihm dann um die Ohren geflogen wäre. »War es wert«, das war möglicherweise sogar besser, unangreifbarer. Carlotta, ihr Name wie eine Belohnung. Carlotta, seine Hand strich über das Lenkrad. Wenn sie gleich bei ihm wäre, er bei ihr, ja, die Prellung würde behindern. Aber sie fänden Wege, nichts wäre eingeschränkt, Carlotta würde achtgeben auf ihn.

»Bist du verrückt?« Carlotta trat in den Flur mit schnellen Schritten, ihre Fersen hämmerten.

»Wieso?« Marquard klinkte die Tür zu, betont langsam, so gewann er Zeit.

»Ich glaube nicht, dass du das jetzt fragst.« Die Augen

verengt, Schießscharten, aus denen es feuern würde. »Antworte mir.«

Er behalf sich mit einem: »Was ist denn los, Carlotta?« Dabei bewegte er sich einen kleinen Schritt auf sie zu.

»Was los ist?« Auch sie kam näher. »Du willst wissen, was los ist, ja?« Carlotta, steif vor Wut und ganz fremd. Ihre Haarspitzen zitterten wie von elektrischer Ladung. »Du bist einfach verschwunden, ohne den Mund aufzumachen. Du Abdichtungsspezialist. Dass du durch die Fahrprüfung gefallen bist, hast du mir auch verschwiegen. Was eigentlich noch?«

»Das mit der Prüfung ist doch ewig her. Da gab es nichts groß zu erzählen.«

»Marquard, hör auf. Jedenfalls habe ich deine Familie unterhalten und zum Bahnhof fahren müssen. Es ist aber zufällig deine, hast du das vergessen?«

»Du hättest uns doch ohnehin Gesellschaft geleistet.« Was war an zwanzig Minuten, die die Fahrt zum Bahnhof brauchte, hin und zurück, so dramatisch.

»Es geht darum, dass du über meine Zeit verfügst, ohne jede Absprache.« Sie stockte. »Nein, es geht darum, dass du nur an dich denkst.« Jedes Wort ein Vorwurf. »Was für ein Abgang. Und ich musste dich auch noch verteidigen.«

»Hättest du ja nicht machen müssen. Und zum Bahnhof hätten sie auch ein Taxi nehmen können.« Schweigen wäre besser gewesen, aber er sah das alles nicht ein.

»Es geht hier nicht nur nach dir.«

»Tut es auch nicht.« Er versuchte sich an einer Erklärung, verstrickte sich, seine Sätze transportierten nicht, was er sagen wollte. Die Gegenwehr lief leer, auch wenn sie auf festem Boden stand. Fakt war, die Dinge richteten sich überhaupt nicht nach ihm, sondern nur nach Carlotta. Sie bestimmte den Rhythmus, sie befand, wer des Kontakts würdig war, sie schlug die Urlaube vor. Er ließ sich einmal ein Fußballspiel nicht von ihr absegnen. Es anzukündigen, welchen Unterschied hätte das gemacht. Keinen, wie er fand.

»Was willst du sagen, Marquard?«
»Nichts mehr. Es ist gut.«

Er schlief ein wie immer, wurde aber kurz darauf wieder wach. Nur eine Stunde war vergangen, die phosphoreszierenden Zeiger der Armbanduhr gaben ihm Orientierung. Er hielt das Zifferblatt dicht vor die Augen. Seine Hand tastete neben sich, dahin, wo sie Carlotta finden sollte. Carlotta war weg. Er sah in der Schwärze, sie hatte alles mitgenommen, ihr Kopfkissen, ihr Oberbett. Heute Nacht kam sie nicht wieder. Weswegen genau? Was hatte er noch falsch gemacht am Abend? Er hatte sich an den Schreibtisch gesetzt, um Ruhe zu finden bei seiner Arbeit, die alles wegsaugt, kaum beugt er sich darüber. Ob sie das als Flucht empfunden hatte? Dabei war er nicht geflohen vor Carlotta, nur vor dem Streit. Und sie hatte sich danach doch neben ihn gelegt. Vielleicht, damit etwas entstand.

Wann war das Locken verschwunden? Der tägliche Wunsch nacheinander? Davongeschlichen, unbemerkt. Schritt für Schritt. Nicht einmal unvollständig fühlte er sich eine Weile. Das war heute anders. Sie hatten sich gute Nacht gesagt, als wären sie alt. Vor einer Stunde, was jetzt länger zurücklag als sechzig Minuten.

Der Schlaf war dahin, er öffnete die Augen, knipste

das Licht an. Um die Vergangenheit herauszuhalten, die vor Carlotta. Es ließ sich nichts finden dort, was half. Nicht auch noch vergleichen. Aber er hatte sein Gehirn nicht unter Kontrolle. Maria, nein. Er schickte seine Gedanken weiter ein kleines Stück. Weg von Maria, hin zu den Frauen danach. Betäubt hatte er sich, die Besinnung verlieren wollen. Nur nichts mehr fühlen. In seinem Kopf ein Wimmelbild ohne Aussage. Die Körper riefen sich Laute zu, harmonisch oder dissonant. Aber es gab keine Silbe, die sein Inneres erreichte. Bis er Carlotta traf, die ihn klug fand, ihn bewunderte, ihn wollte und er mit ihr zu einer Art Sprache zurückfand, einer stummen Sprache, die ihm etwas von Leben wiedergab. Und die er gern behalten hätte.

Er nahm das Reclam-Heft zur Hand. Mittwoch gingen sie ins Theater gemeinsam mit Dreulings. »Drei Schwestern«, er mochte es, den Text zuvor anzuschauen, sich dem Stück so zu nähern. Carlotta würde er wie immer eine Zusammenfassung liefern. Heike und Tom verschonte er. Heikes Kulturwunsch erschöpfte sich in dem Wort, Tom bildete erst gar keinen Wunsch. Es lief bei Dreulings wie immer: Heike steuerte, Tom lehnte sich auf dem Beifahrersitz zurück.

Marquard las die erste Seite noch einmal. Nichts blieb haften. Die Gedanken flogen zur Theatergruppe, wie kam er da jetzt drauf. Die Idee der Mutter, sie hatte ihn sehen wollen, hoch auf der Bühne, um ihm applaudieren zu können. Um etwas an ihm finden zu können, vielleicht. Tatsächlich lernte er federleicht auswendig, trug auch einigermaßen solide den Inhalt vor. Für ihn war es leichter, fremde Sätze zu sprechen, ihrem Sinn nachzuspüren, als in sich selbst nach Aussagen zu graben und sie in Worte zu fassen. Es gab eine Hürde zwischen innen und außen, innen strömte Wasser, auf dessen Grund er sehen konnte, aber wenn er zur Beschreibung des Bilds ansetzte, verlor es sich. Schnell hatte er gemerkt, auch die fremden Worte trugen ihn nicht. Vor jedem Auftritt packte ihn die Unruhe, der gesamte Tag lag wie unter einer Glocke von Hemmung. Nur für die Mutter hielt er durch. Warum bloß? Ihm fehlte etwas, die große Geste, mit der die fremden Worte als eigene dargestellt werden, bei der sich die eigenen Grenzen aufweichen. Also weg vom Theater, hinein in den Schulchor, zum Entsetzen der Mutter, die ihn nun sehen sollte als einen von vielen.

Er traf Carlotta am Theater wieder. Sie kam direkt von einem Termin und trat knapp vor Beginn der Aufführung ins Foyer, wo er mit Heike und Tom wartete. Carlotta begrüßte ihn wie immer, jedenfalls äußerlich, er hoffte, nicht nur. In der Pause holte er für alle ein Glas Sekt. Nach Ende der Vorstellung half er Carlotta in den Mantel und bekam ein »Danke« zurück.

Sie waren sich nicht einig über das Stück. Schon auf dem Weg vom Theater zur Kneipe bewertete Tom es als langweilig. Heike hatte Mitleid mit den Frauen und erntete einen befremdeten Blick von Carlotta. Die lobte die Schauspieler, fand aber, das Stück habe keinen Schwerpunkt. Er teilte die Kritik der anderen nicht. Wie diese Irina »Nach Moskau!« gerufen hatte. Und der Zuschauer wusste im Gegensatz zu ihr, wenn sich Moskau verwirklichte, zerfiel die Vorstellung davon im selben Moment. Großartig, wie Tschechow das deutlich machte, ohne ausdrücklich zu werden, großartig auch die Stimme der Darstellerin, die aus zwei Worten ein Leben machen konnte.

»Und wie fandst du es?« Tom in süffisantem Ton. Dazu passte die Geste, die Kneipentür zu öffnen und ihm den Vortritt zu lassen.

Marquard trat in den Zigarettenrauch, der wie ein fester Körper im Raum stand, zog den Mantel aus, nahm sich mehr Zeit als erforderlich, hängte ihn an den Haken. Morgen röche der Mantel nach heute. Nur ein Tisch war noch frei um diese Uhrzeit, Berlin eben.

»Keine Meinung?« Tom ließ sich neben ihn auf die Bank fallen, schob die Beine weit unter den Tisch und legte einen Arm auf die Rückenlehne. Wenn Tom auf betont lässig machte, wurde er ihm fremd. An sich war Tom in Ordnung, Marquard mochte vor allem seinen Humor, aber dieses Gebaren nicht, das Tom klein machte und Marquard an den Vater erinnerte. Wahrscheinlich hielt Tom ihn für einen Intellektuellen, eine Einschätzung, die er selbst nicht teilte, aber alles war relativ. Im Sport war Tom ihm weit überlegen, zudem ein Experte für Jazz, er konnte den Rhythmus von Songs auf den Kneipentisch trommeln und gleichzeitig die zweite Stimme singen. Aber weder seine Fähigkeiten, noch, dass Marquard sie anerkannte, halfen Tom offenbar, sich gleichwertig zu fühlen als Sportlehrer.

Die Frauen tuschelten nicht mehr. Es wurde still am Tisch, um sie herum laute Kneipengespräche. Carlottas Blick lag auf ihm und sagte: Rede.

»Zum einen fand ich das mit dem Brummkreisel sehr atmosphärisch. Wie alle zugeschaut haben, als er sich drehte und Töne von sich gab. Als gäbe es nichts Wichtigeres auf der Welt.«

»Und was hat dir das gesagt?« Heikes Ton eindeutig skeptisch. Carlottas Blick taxierend.

»Gesagt hat es mir nicht direkt etwas, es war mehr die Stimmung.«

»Welche denn, Marquard?« Carlotta nun freundlich.

»Tja. – Als schauten sie sich beim Träumen zu vielleicht. – Fragt mich jetzt aber nicht nach dem Inhalt der Träume.«

Carlotta legte ihre Hand auf seine. »Und zum anderen?«

Er fragte sich immer wieder, wie sie das anstellte, dieses Weiterspinnen des Gesprächsfadens. Die meisten anderen wären auf das letzte Stichwort eingestiegen oder hätten eigene Gedanken geäußert, aber Carlotta hatte sich »zum einen« gemerkt. Also fehlte zum anderen. Er sollte das aufmerksam finden, aber er empfand es bedrängend. Sie zog die Fäden. Puppet on a string.

»Mich hat am meisten beeindruckt, wie diese Irina ›Nach Moskau!‹ gesagt hat.«

Carlotta nahm ihre Hand von seiner.

Tom war erstaunt. »Das hat dich beeindruckt? Mich hat es genervt.« Er sprach unverstellt, da gab es keine Spitze.

»Mir war dieses ›Nach Moskau!‹ etwas übertrieben, ehrlich gesagt.« Heike verrutschte bei dem Versuch, die Schauspielerin nachzuahmen, traf nicht den Ton, der bei ihr ins Hysterische abglitt. Marquard wollte widersprechen, wenigstens den Unterschied zu dem benennen, was er auf der Bühne gehört hatte.

Die Kellnerin fragte nach den Getränkewünschen. Er war schon bereit, die Diskussion im Bestellen von Bier und Riesling ertrinken zu lassen, aber Carlotta hielt

Toms Frage im Spiel. »Was hat dir an dem Ausruf so gefallen?«

»Dass etwas ausgedrückt wurde ohne große Worte. Gefühle deutlich wurden, ohne sie zu zerreden. Zwei Worte, mehr waren nicht erforderlich.«

»Wofür?«

Wenn sie auf diese Weise fragte, kam er sich vor, wie unter dem Elektronenmikroskop. Nur begnügte Carlotta sich nicht mit dem Anblick, sie drängte durch seine Zellwände, zwang das Zellinnere zu reagieren. Stieß vor bis zum Zellkern, präparierte ihn frei, nahm hin, dass die Zelle abstarb.

»Wie wofür?« Seine alte Taktik, über die Carlotta sich derart oft beklagt hatte, dass sie ihm bewusst geworden war – und jetzt setzte er sie ein: Nicht verstehen, sie nicht auf ihren technischen Fragen thronen lassen. Er sah ihr an, sie überlegte, ob sie, Du hast schon verstanden sagen sollte, vor Dritten.

»Na, du hast doch gesagt, mehr als zwei Worte seien nicht erforderlich, und ich hab gefragt, wofür.«

Den Zusatz aus neuerer Zeit »Ist doch nicht so schwer« ersparte sie ihm.

»Um die Gefühle zu zeigen.«

»Herrgott, Marquard, lass dir doch nicht jedes Wort aus der Nase ziehen, sag doch, über welche Gefühle du sprichst?«

Heike und Tom sahen sich an.

Er war am selben Punkt wie vorhin, als Heike die Schauspielerin hatte imitieren wollen. »Schwer zu sagen.« Er empfand so, sonst würde er antworten. Dabei war in seinem Inneren alles völlig klar, nur die Worte sperrten sich.

»Dann versuch es.« Carlotta sagte das in warmem Ton, womöglich wollte sie etwas wissen. Es gab keinen Grund, sich offen zu verweigern.

»Lass mich überlegen.«

Carlotta hob ihr Glas, führte es zu den Lippen, sah ihn über den Rand an.

»Sehnsucht vielleicht. Ja, Sehnsucht, so würde ich das Gefühl beschreiben. Eine Sehnsucht, von der man weiß, dass sie sich nicht erfüllen wird, egal, ob der Sehnsuchtsort erreicht wird oder nicht. Die in einem ist und einen treibt, man beschreibt ein Wohin, und fast zerreißt es einen, dass man nicht ankommt und nie ankommen wird. Und das Sehnen wird dringlicher, je ferner die Erfüllung rückt.«

Carlottas Glas stand noch immer in der Luft. Tom unterbrach das Spiel mit der Bierrosette und sah auf.

»Und deshalb«, Marquard wandte sich an Heike, »deshalb darf es auch nicht hysterisch klingen, dazu weiß die Mascha zu viel. Es muss sehnsüchtig klingen, dabei gleichzeitig hoffnungslos.«

Carlottas Blick durchsuchte sein Gesicht. Dann trank sie den restlichen Wein aus.

Neuigkeiten

In Marquards Nähe trommelten Rollkoffer ihren Rhythmus auf das Düsseldorfer Pflaster. Direkt hinter ihm ein einzelnes Klackern hoher Absätze. Das internationale Symposium begann in einer Stunde. Rund vierhundert Teilnehmer, es war auch außerhalb des Hotels spürbar.
　Die Rezeption war umschwirrt wie eine Bienenwabe. Japaner drängten nach vorn und stießen ihre Pässe in die Luft. Die Phalanx ihrer dunklen Anzüge signalisierte: Kein Raum für eine Frau. Hinter Marquard kamen die Absätze zum Stehen. Fast hätte er sich umgedreht. Er rückte vor zum Empfangstresen. Der Abgleich mit den Kollegen, der Kampf gegen die Krankheit, das waren die Dinge, die ihn zu interessieren hatten. Was betraf es ihn, zu wem das Geräusch von Stilettos gehörte.
　Als er sich zum Lift wandte, klang hinter ihm eine warme Frauenstimme, ein weicher Duft streifte ihn. Bevor die Lifttüren sich schlossen, fiel sein Blick zurück auf die Rezeption. Aschblondes Haar, das nach vorne fällt, während die Trägerin sich über die Anmeldung beugt.
　In dem Käfig, der sie alle zu ihren Etagen beförderte, Wolken von Rasierwasser, Eukalyptus, Tanne, Leder. Zehnte Etage, er mochte es, weit oben zu wohnen, »Upper floor please«, überall auf der Welt sein Wunsch beim Einchecken.
　Jetzt, in der vierten, als die letzten Mitfahrer ausstiegen, da wehte etwas an ihm vorbei, das kannte er – Paco Rabanne pour Homme. Acht Jahre Paco Rabanne, acht Jahre Maria. Die Frau, die nicht Carlotta war, hatte es

ihm geschenkt, er glaubte, sie wollte ihn damit markieren, du bist meiner damit sagen, und er hatte das angenommen, gern sogar, sehr gern.

Er stieg wieder ein, als einziger nun, und realisierte auf der Fahrt nach oben, wie schnell der Aufzug durch den Schacht glitt. So schnell, dass es in den Ohren einen leichten Druck erzeugte, eventuell lag es auch an der Erinnerung und nicht an der Geschwindigkeit, wahrscheinlich aber doch, denn der Druck verschwand mit einem Knacken, als der Lift stand. Marquard trat auf den Flur, das Weiche unter seinen Füßen ging ihn nichts an, er hielt auf die Vergangenheit zu. Er öffnete das Zimmer mit der Chipkarte, ließ seine Tasche aufs Bett fallen und trat ans Fenster. In der Ferne der Rhein, das erste Ausflugsziel mit Maria. In die Altstadt und an den Rhein, der Vater hatte ihm das Auto geliehen, und er parkte es direkt am Fluss. Sie standen dort und sahen dem Fließen zu, den Schiffen, an deren Deck Wäsche flatterte oder Kinder spielten. »Auch ein Leben«, sagte Maria. Und er antwortete: »Aber keins, das ich mir vorstellen kann«, obwohl er sich doch an Marias Seite alles hätte vorstellen können. Wirklich alles.

Marquard wandte sich ab, legte die wenigen Sachen aus seiner Reisetasche in den Schrank. Er hatte sein Buch vergessen, wahrscheinlich weil ihn die Idee, aus jungen Frauen einen Duft herzustellen, abstieß. Zum zweiten Mal heute ging er unter die Dusche. Sein Rasierwasser benutzte er nicht, genug der ganzen Düfte, er griff dennoch zu dem runden Metall, das sich anders anfühlte als das Glas damals. Paco Rabanne. Die Flasche hatte auf ihre eigene Weise in der Hand gelegen, flach, wie sie war, und das Wasser in einem waldigen Grün darin geschwappt. Er stellte den nun undurchsichtigen Flakon wieder auf den Waschtisch. Eigenartig, dass er Marias Duftmarke noch zwei Jahre lang mit sich herumgetragen hatte, danach. Erst nach einigen Verabredungen mit Carlotta war die halbvolle Flasche in den Mülleimer gewandert.

Im Tagungsraum summten die Stimmen. Die meisten Plätze waren besetzt. Marquard sah einen freien Stuhl nahe den Türen. Aus dieser Perspektive schrumpfen die Referenten auf Insektengröße. »Verification of New Active Substances in Animal Brains«, der erste Vortrag. Ein italienisches Team wollte bei seinen Tierversuchen etwas gefunden haben, das die normale Dopaminersatztherapie mit ihrer nachlassenden Wirksamkeit ablöste und im Gehirn ankam. Dann hätten sie das Rennen gemacht.

Aufmerksam wandte er sich dem Vortrag zu. Was sich dann aus dem italienisch unterlegten Englisch herausschälte, erbrachte nichts Spektakuläres. Wie seinem eigenen Team war der Nachweis von Molekülen eines neuen Wirkstoffs im Gehirn von Nagern gelungen, mehr nicht. Den genauen Aufbau des Wirkstoffs hielten die Kollegen natürlich unter Verschluss. Es war zu viel Geld im Spiel.

Er war dabei, die Unterlagen einzupacken, als aus den Boxen schallte: »Neue Reglementierungen haben leider eine groß angelegte Versuchsreihe mit Affen verhindert.«

Am liebsten wäre er rausgerannt und hätte sofort in Berlin angerufen, um zu klären, ob er Neuerungen im Regelwerk übersehen hatte. Wenn die Tierversuche mit Affen verboten wurden, hatte er sich mit dem Nachweis im Schweinehirn zu begnügen. Möglicherweise scheiterte das gesamte Projekt, weil es zu riskant wurde, den

Wirkstoff in die klinische Phase zu schicken, ohne ihn an Menschenaffen getestet zu haben. Montag, nicht jetzt, ruhig Blut, so regelte er sich herunter. Bisher gab es nur in Österreich Einschränkungen, und die waren auf die großen Menschenaffen beschränkt. Den Italienern konnten auch Fehler bei der Beantragung unterlaufen sein.

In der Kaffeepause stand die Aschblonde vor ihm in der Reihe. Sie goss sich Kaffee ein und gab die Kanne an ihn weiter. Jünger als erwartet, Mitte dreißig schätzte er. Schlank war sie, es war trotz des weiten Hosenanzugs zu erkennen. Hochsteckfrisur. In anderer Aufmachung würde sie für Ende zwanzig durchgehen.

»Was sagen Sie zu dem Vortrag?« Sie strich mit der Linken eine unsichtbare Strähne hinter das Ohr. Als er nicht sofort antwortete, trat sie zur Seite und machte mit der freien Hand eine Geste, die ihn einlud, ihr in eine ruhige Ecke zu folgen, wo niemand sie belauschen konnte. Klein war die Bewegung, aber eindeutig. Er verstand sofort.

»Beunruhigend, aber nicht wegen der Ergebnisse. Haben Sie etwas gehört über die Einschränkung der Tierversuche?«

»Auf die sind wir alle angewiesen. Cordula Teichmann, Uni München.« Sie zog eine Visitenkarte aus der Brusttasche ihrer Jacke und hielt sie ihm hin.

»Marquard Hütter«, er setzte den Namen des Konzerns dazu. »Der Vortrag eben betraf genau mein Forschungsgebiet«, sagte er, den Blick noch auf ihrer Karte, die er dann einsteckte.

»Meins kommt gleich dran.« Sie bemerkte wohl, dass er nachfragen wollte, und stoppte ihn. »Lassen Sie sich überraschen.«

Marquard fiel auf, dass im Saal absolute Stille herrschte, als der Referent begann. Ein völlig neuer Ansatz. Nur eine Hypothese, aber die Anzeichen deuteten auf einen bislang unbekannten Weg. Vorne drehte Cordula Teichmann den Kopf zu ihm, sah ihn ohne erkennbare Regung an, dann schaute sie wieder nach vorn. Ärzten war bei der Behandlung von Kindern mit einer bestimmten Erbkrankheit aufgefallen, dass die Eltern überproportional häufig an Parkinson litten. Eine erste Untersuchung sollte in Kürze folgen, um nachzuweisen, dass Genmutationen zur Erkrankung beitragen.

Wenn sich das bewiese, musste die gesamte Parkinsonforschung umgestellt werden.

Der Referent sprach von der Entschlüsselung des Bauplans des betroffenen Gens, dort vorzunehmenden Eingriffen, der Vision einer maßgeschneiderten individuellen Behandlung, möglicherweise sogar einer Prävention.

Statt molekular veränderte Standardmedikamente an den Wirkort im Gehirn zu schleusen, dachte Marquard. Wenn der hier vorgestellte Weg gangbar war, hätte er jahrelang vergeblich geforscht. Und ob er sich der neuen Strömung noch anschließen konnte, bezweifelte er. Wahrscheinlich musste er sich ein neues Arbeitsgebiet suchen. Und das Carlotta und den Eltern vermitteln.

Als der Vortrag beendet war, sammelten sich vorn am Rednerpult die Wissenschaftler. Leider war Cordula Teichmann zwischen den Männern nicht mehr zu sehen.

Er hatte sich nicht zum Abendessen im Hotel angemeldet. Generell lehnte er das Sterile von Hotelrestaurants ab. Man saß dort unter Auswärtigen, angeblich aus der Region stammende Gerichte waren angepasst an ungeübte Zungen, und die Stadt, in die er gereist war, blieb ausgesperrt. Bei Tagungen scheute er daneben dieses abendliche Gerede über immer dasselbe, den Gruppenzwang, der ihn an den Tisch heftete, bis endlich auch der Nachtisch aufgegessen war.

Er überquerte die Oststraße, die Königsallee, hielt sich nördlich. Auf den Stadtplan hatte er verzichtet, er wollte wissen, ob er sich noch orientieren konnte in der Stadt, die von Bochum aus ein Sehnsuchtsort gewesen war, über lange Zeit.

Samstags nachmittags, schon zu Schulzeiten, irgendjemand hatte ein Auto, im Sommer am besten ein Cabriolet, die ersten Meter hinten auf dem Verdeck sitzen, runterrutschen erst, wenn die Autobahn erreicht war. Die Jungs wollten ein Alt trinken, die Mädchen in die Schaufenster starren, vor allem, wenn Schuhe in den Auslagen standen: »Guck mal die.« Er wünschte sich manchmal, dass ihm dieselbe Aufmerksamkeit geschenkt würde wie Sandaletten in dieser oder jener Farbe: »Sag doch mal, Marquard«. Wobei Aufmerksamkeit ein zu schwaches Wort war für das, worum er die Schuhe beneidete – Leidenschaft traf besser. Eine Leidenschaft, geradezu Besessenheit, der Blick senkte sich auf die Füße, hob sich nur, um in den Spiegel zu schauen, blendete hoch und runter. Nichts sonst zählte. Damals keimte in ihm der Verdacht, dass Schuhe im Gehirn der Frau das auslösten, was Sex im Gehirn der Männer vollbrachte, ein Verdacht, den ihm später eine launige Skizze von männlichen und weiblichen Hirnen bestätigte.

Er fand auf Anhieb das »Füchschen« in der Ratinger Straße, wo Maria und er stets gegessen hatten. Während sich in Berlin die Zeit in alle Richtungen drehte, trat sie hier wohltuend auf der Stelle. Rechts die Männer an Stehtischen, links der Gastraum, in dem der Köbes mit der blauen Kluft Teller auf nackten Holztischen ablud oder Altbiergläser verteilte, auch wenn das vorherige noch nicht ausgetrunken war. Immer noch war das Kellnern hier eine männliche Bastion.

Es gab nur Platz an einem langen Tisch, an dem bereits ein älteres Paar saß, der graue Persianer am Garderobenständer musste der Frau gehören. Grauer Persianer, den trug in Berlin niemand mehr, wahrscheinlich hatte man dort den Namen schon vergessen. Hier hing der Mantel am Haken, als käme die Großmutter gleich von der Toilette zurück.

Marquard zögerte noch, ob er Ochsenfleisch mit Meerrettichsoße, Dicke Bohnen mit Speck oder Wirsing nehmen sollte, da stellte der Köbes das erste Alt vor ihn.

»Na, Jong?«

Marquard hätte beinahe laut gelacht, Junge, nein, ein Junge war er nicht mehr, aber es gefiel ihm, dass man das Wort mit ihm noch assoziierte, sei es auch zum Schein. Er bestellte Wirsing mit Mettwurst, weil er es als solidarisch gegenüber dem Rheinland empfand, die Wurst zu essen, die in Berlin fremd als »Knacker« bezeichnet wurde.

Als das Essen kam, wünschten ihm die fremden Tischnachbarn »Juten Appetit«, etwas überraschend, weil sie sonst kein Wort gesagt hatten, und er fand so schnell nichts anderes als »Danke«. Auf die Frage, ob es schmecke, war er dann besser vorbereitet. Er antwortete in einem ganzen Satz, erzählte sogar, dass er aus Berlin komme. Als gäbe es da etwas zu verteidigen, fügte er hinzu, Düsseldorf kenne er gut, schon seit der Jugend, er stamme aus Bochum. Das Nicken bestätigte ihm, alles richtig gemacht zu haben. Hier war das Leben irgendwie einfacher. Es wurde nicht alles auf den Prüfstand gestellt, sondern vieles genommen, wie es war. Die beiden Tischnachbarn waren Mitte sechzig, fünfundzwanzig Jahre älter als Carlotta und er, sie schwiegen sich an, so würde Carlotta es nennen, oder sie schwiegen miteinander, was ihm genauso wahrscheinlich erschien. Jedenfalls vermittelten sie, dass sie sich nicht fragten, was gut und was schlecht lief zwischen ihnen.

Marquard zahlte, verabschiedete sich und hörte, er solle noch etwas machen aus dem Abend in Düsseldorf. Er nahm das als Fingerzeig und kehrte nicht sofort ins Hotel zurück, sondern lief zum Rhein. Die Entscheidung, ob er das tun sollte nach den ganzen Jahren, hatte er vor sich hergeschoben, der Abschiedsgruß half ihm, sie nun zu treffen. Er lief den Fluss entlang, hin zu der Stelle, wo sie oft das Auto geparkt hatten, Maria und er. Ein ruhiger Ort, vorne der Rhein, im Rücken irgendwelche Regierungs- oder Gerichtsgebäude. In Richtung Schlossturm gelaufen entlang der Platanen, durch die Altstadt, vorbei an den Kneipen, den vielen kleinen Geschäften, zur Königsallee, ins Museum, alles aufsaugen, was sich ihnen hier bot, zu Hause eben nicht. Bei den Auslagen der Schuhgeschäfte sagte er: »Guck da, Maria«, und ihre Hand blieb fest in seiner. Spät zurückkommen zum Wagen und es manchmal nicht abwarten können, das Miteinander, das alles umschloss.

Marquard erreichte den Radschlägermarkt, der Fluss schimmerte, aber statt des Verkehrs, der damals auf der Rheinuferstraße eine Wand aus Lärm und Abgasen zwischen den Fluss und die Stadt gezogen hatte, gähnte nun eine Baustelle. Ein Schild wies aus, dass ein Tunnel bald die Straße zudecken sollte, auf Animationsfotos liefen Fußgänger über ein Dach, das in der Wirklichkeit noch nicht existierte. Der Rhein war von hier aus nicht zu erreichen, kein guter Start in die Vergangenheit. Er lief weiter, durch stille Altstadtgassen, über klösterliche Plätze, von Häusern aus Sandstein eng umfasst. Von den Fassaden warfen Gaslaternen mondfarben ihr Licht auf ihn, und sein Schatten lag einsam auf der Kirchenwand. Als er zurückbog in Richtung Rhein, stellte er fest, dass die Baustelle sich wenigstens nicht bis hierher vorgefressen hatte. Er überquerte die Straße, lief den gepflasterten Uferweg stadtauswärts, auf den Maria die Füße stets vorsichtig gesetzt hatte. Er sah sich um, dort musste der Platz sein, wo sie ihr Auto abgestellt hatten. Nicht zu nahe an der Zufahrt, damit das Licht von Scheinwerfern sie nicht traf. Nah am Fluss, damit dessen dunkle Bewegung über sie floss. Er lief herum, als entschiede sich etwas Wichtiges, fände er nur die genaue Stelle wieder. Als könnte er neu beginnen, von dem gefundenen Ort aus Marias Schlussworten Wirkkraft nehmen. Er probierte alles aus, stand einen Augenblick hier, dann dort, blickte zu den unbeleuchteten Bürogebäuden, wandte sich zurück zum Rhein. Aber nichts geschah.

In der Bar des Hotels saß Cordula Teichmann. Von außen hatte er sie nicht bemerkt, er öffnete die Schwingtür nur, weil es zu früh war, ins Bett zu gehen. Ein kleiner Absacker, auch zur Ablenkung, statt auf einem einsamen Sessel in den toten Fernseher zu schauen oder sich beflimmern zu lassen. Heute war Freitag, kein Fußball – und sein Buch lag in Berlin.

Als er Cordula Teichmann dort am Tresen sitzen sah, war er dankbar, dass niemand ihn hatte beobachten können, gerade eben am Rhein. Sie blickte ihm entgegen, als seien sie verabredet. Der Pulli zeichnete ihre Figur nach, die Taille, sehr schmal, der Busen, erkennbar gewölbt, aber unaufdringlich. Es war möglich für ihn, ein Gespräch zu führen, ohne dauernd hinzusehen. Sie trug das Haar offen, es wellte sich und wirkte noch heller als bei Tag.

»Darf ich?« Er rutschte auf den Hocker, bevor sie reagiert hatte. Carlotta hätte sein Verhalten moniert: Wenn du fragst, musst du auch die Antwort abwarten.

»Ja«, sagte Cordula Teichmann und sah ihn freundlich an.

Marquard bestellte ein Bier, der Barmann beugte sich leicht über den Tresen und sagte, als verriete er ein Geheimnis: »Das können Sie überall trinken, wir haben tolle Cocktails.«

»Gut«, sagte Marquard in das gewinnende Lächeln hinein, und warf über Bord, dass er sonst bei Bier oder Wein blieb, selten einen Whiskey nach dem Essen trank.

»Und was mögen Sie, Rum, Gin, Vodka?«

Cordula Teichmann ließ den Strohhalm aus dem Mund gleiten und sagte in Marquards Richtung etwas von »Gin mit Kirschsaft«.

Marquard bestellte das Gleiche.

»Sind Sie beunruhigt?« Sie fragte das sehr ernst, wie ein Arzt bei der Anamnese.

»Etwas.« Marquard bekam mit, wie der Barmann aus drei verschiedenen Flaschen Alkohol ins Glas laufen ließ, ohne abzumessen. Drei Doppelte mochten das gewiss sein. Aber er wusste, Cordula Teichmann meinte ihre Forschung, nicht den Drink.

»Brauchen Sie nicht, das ist alles Zukunftsmusik.« Ihre Lippen umschlossen wieder den Strohhalm.

»Wann rechnen Sie mit der Zukunft?« Das Eis klackerte im Shaker als hartes Lachen.

»Weiß nicht so genau. Zehn, zwölf Jahre, bis wir die Hypothese von der Genmutation als Krankheitsauslöser überhaupt bestätigen können. Dann müssen wir schauen, was in den Zellen passiert.«

Marquard dachte daran, wie enttäuschend die Therapie mit L-Dopa verlief. Dass es den Krankheitsverlauf nicht einmal verlangsamte. Und wie zäh sich die Weiterentwicklung in seiner Abteilung gestaltete.

»Wenn ich optimistisch schätzen soll« – sie machte eine Pause – »dann fangen wir nicht vor Ablauf von zwanzig Jahren an, über eine Behandlung der Genabweichung zu forschen.«

Marquard begann zu rechnen.

»Reicht es? Nicht ganz, oder?«

Ihn irritierte, für wie alt diese Frau ihn hielt, bis er sich eingestand, in zwanzig Jahren wäre er über sechzig, sie dürfte die Fünfzig hinter sich gelassen haben. »Ich bin einundvierzig«, sagte er, um die schlimme Zahl auf Abstand zu halten, und nahm einen Schluck seines Cocktails. Ein Geschmack wie herbe Kirschlimonade, hausgemacht aus echten Früchten. Wo sich der Alkohol versteckte, blieb ein Rätsel.

»Ich bin fünfunddreißig, da haben wir noch viel an Zukunft vor uns.«

Es tat ihm gut, dass sie ihn in ihre Zeitkartei einordnete. Er nickte, womöglich etwas zu begeistert.

»Bleiben Sie noch?« Sie deutete auf ihr leeres Glas.

Wenn er ja sagte, fielen zwar die Würfel noch nicht, aber sie wurden schon geschüttelt. Seit er Carlotta kannte, hatte er den Becher stets zur Seite geschoben, es war das erste Mal, dass er versucht war, danach zu greifen. Er saugte an dem roten Drink, dessen Wirkung er schon spürte. Sein Blick fiel auf ihre Hände, an denen kein Ehering steckte, auf ihre Knöchel, die sich zwischen Pumps und Hose zeigten und etwas Rehhaftes hatten.

»Sonst bestelle ich nichts mehr.« Es klang ganz natürlich, möglicherweise meinte sie es auch so, aber er wusste es besser.

Ob es sein Zögern war, ob sie vernünftig sein wollte oder ob sich einfach etwas entschied, er würde es nie aufdecken, jedenfalls sagte Cordula Teichmann: »Ist vielleicht auch besser, sonst kommt man morgen nicht hoch.«

Sie sagte man, nicht wir.

Als das Flugzeug beschleunigte, hätte er erleichterter über das Ende des gestrigen Abends nicht sein können. Carlotta gegenüberzutreten, ohne ihr etwas verschweigen zu müssen, hätte ganz andere Opfer aufgewogen. Sie füllte sein Leben, sie gab ihm Halt. Das alles durfte er nicht gefährden. Er gehörte zu ihr, zu wem sonst. Beim Einschlafen gestern war er sich nicht so sicher gewesen. Cordula neben ihm, die Fantasie ließ sich kaum vertreiben. Aber als er ihr heute Morgen begegnete, überwog klar, er hatte sich richtig verhalten.

Marquard blätterte die Zusammenfassung der jeweiligen Vorträge durch. Der zweite Kongresstag hatte nichts spektakulär Neues ergeben. Ein direkter Eingriff ins Gehirn mit Elektroden wurde zwar in Tierversuchen weiterverfolgt, schien aber als Standardbehandlung zu risikobehaftet und änderte auch nichts am Abbau im Gehirn. Druck auf seine eigene Forschung übte von dieser Seite nichts aus. Ansonsten wurde gedreht und gewendet, woran sie alle arbeiteten: die Permeabilität der Zellwand. Montag würde er den Kollegen berichten, zunächst allerdings die Sache mit der Beschränkung der Tierversuche klären. Er legte die Papiere weg und wandte sich dem Roman zu, den er in der Buchhandlung des Flughafens gekauft hatte. Das Buch war gebunden, aber klein, fast ein Taschenbuch. Er hätte es übersehen, wäre nicht die Abbildung auf dem Cover gewesen. Ein Frauenakt von Degas. Die Frau bog sich nach hinten und stützte mit den Händen im Grün das Gewicht ihres Rückens ab, der Kopf lag im Nacken, die Beine lagen angewinkelt neben ihr. Sie reckte die Brüste hoch, irgendetwas entgegen, vielleicht der Sonne. Die reine Hingabe, das hatte ihn eingefangen. Er schlug das Buch auf. Der Klappentext stellte die Frage nach dem Geheimnis, durch das die Leidenschaft Jahrzehnte überdauerte. Maria, dachte er gegen jede Vernunft.

Die Landung wurde angekündigt, Marquard stellte die Rückenlehne senkrecht und sah aus dem Fenster. Die Maschine kippte für eine weite Rechtskurve zur Seite. Im Guckloch des Flugzeugrumpfes rückte der Erdboden nah wie durchs Fernglas betrachtet. Unten war alles schwarz, bis auf ein paar Lichter, so vereinzelt, als trotzten sie einem Stromausfall. Dann, an einer scharfen Linie entlang, ein Gleißen, das bei sich blieb und eine

Wand aus Licht errichtete. Der Westen stieß hart auf den Osten. Es gibt keine Verbindung, dachte Marquard, es sind verschiedene Welten. Die eine überstrahlt die andere. Natürlich wollen sie alle ins Helle, wer wollte das nicht, nur suchen sie vergeblich den Tunnel durch die Lichtwand.

Er rechnete damit, dass Carlotta ihn nicht abholte, als er am Gepäckband in Tegel vorbeiging. Sie hatte Zeitprobleme erwähnt. Deshalb lief er direkt auf die Ausgänge zu. Er dachte an gestern Abend, an Cordula Teichmann, ihre übereinandergeschlagenen Beine auf dem Barhocker. Plötzlich auf seinem Rücken ein leichter Druck. Er wandte sich um: Carlotta.

»Gut getimt, oder?« Ihr rechter Arm stand angewinkelt in der Luft, bereit, sich ihm um den Hals zu legen, wie immer. Ein Fellkragen umschmeichelte ihr Gesicht.

»Neu?« Seine Hände kämmten von hinten durch das Weiche, das von Carlottas Locken kaum zu trennen war. Die Antwort verstand er nicht, sie wurde von seinem Mantel verschluckt, so nah hatte er Carlotta an sich gezogen. »Schön, dass du da bist«, direkt in ihr Ohr.

Als er sich von ihr löste, sah er Schatten unter ihren Augen, die er nicht kannte. Nur Müdigkeit? Was nicht sein konnte nach einem ruhigen Abend bei den Eltern. Er legte den Arm um die Schultern seiner Frau und ließ ihn da auf dem Weg zum Wagen.

Carlotta reichte aus dem Seitenfenster des Sportwagens mit dem Arm gerade an den Ticketautomaten heran. Aber es gelang ihr, die Karte in den Schlitz zu stecken, die Schranke hob sich.

»Alles in Ordnung zu Hause?« Er meinte Hannover, übernahm ihre Diktion für das Elternhaus. Seine hieß: »In Bochum.«

Der Besuch war entspannt abgelaufen wie immer, das Essen so gut wie die Atmosphäre, die Eltern bestens gelaunt wegen der Urlaubspläne für das Frühjahr. Amalfi-Küste, noch eine Woche Ischia, die Thermen, gut in dem Alter, auch wenn ihnen nichts fehlte, glücklicherweise. Weder Carlottas Worte noch deren Klang erklärten das Dunkle in ihrem Gesicht.

Ihr echsengrüner Leder-Rock war hochgerutscht, Marquard sah ihre Haut durch die Strümpfe schimmern. Als er den Rock berührte, zuckte die Hand weg, so sehr fühlte es sich an wie nackte Haut, weich, seidig, alles zugleich.

Noch in der Diele streifte er ihr den Mantel ab, warf seinen dazu. Er wollte bei ihr sein, nichts zwischen ihnen, auch kein anderer Frauenname. Er war im Begriff hinunterzugleiten, als sie ihn aufhielt mit einem Lachen, das ihn vertröstete, sie beide, wie er hoffte. Beunruhigend war das Wort »Hunger« aus ihrem Mund, als hätte das nicht eine Viertelstunde Zeit. Aber wo es nun einmal gefallen war, kam ihm auch die Esserei in den Sinn, und sie gingen beide in die Küche.

Carlotta sagte: »Du kannst Zwiebeln schneiden, möglichst klein, du weißt doch, erst halbieren, dann auf die flache Hälfte legen, mit dem blauen Messer in zwei Richtungen zerkleinern. Und gut festhalten.« Ja, er wusste es, jeden Schritt, aber die Zwiebeln rutschten ihm, im Gegensatz zu ihr, immer wieder auseinander. Dasselbe mit dem Knoblauch. Der Speck? Nein, da hatte sie die Regie: Sonst wird er nicht klein genug. Rosmarin vom Balkon? Klar, aber kurz abspülen.

Er öffnete die Dose mit den Tomaten, Carlotta ließ Wasser in den Nudeltopf laufen.

»Jetzt die Tomaten?«

Carlotta summte der Wand vor ihr eine Zustimmung entgegen.

Er nahm die Dose und goss den Inhalt in die brutzelnde Masse. Aus dem Topf spritzte es rot in alle Richtungen.

Carlotta war schon neben ihm und riss den Topf vom Kochfeld. »Marquard! Hol schnell mehr Küchenpapier.«

Auf dem Weg zur Speisekammer dachte er, warum mache ich immer alles falsch. Dabei hatte sie gar nichts moniert. Nur »Marquard!« gesagt.

Als er mit der Rolle am Herd erschien, wischte Carlotta bereits die Spuren des Feuersturms weg, auf dem Herd, an der Wand, am Boden, und warf das rot angelaufene Küchenpapier mit einem »Alles erledigt, Papier hat gereicht«, in den Mülleimer.

Der Rest lief reibungslos ab, allerdings waren auch nur noch Nudeln zu kochen. Carlotta würzte die Soße, Salz, wenig Chili, schwarzer Pfeffer. Als die Teller vor ihnen standen und das Olivenöl duftete, wusste er, es würde wieder besser schmecken als bei den meisten Italienern.

Und wie toll Carlotta aussah! Sie musste die Lippen nachgezogen haben, er wusste nicht wann, die Locken kringelten sich um ihr Gesicht wie frisch vom Friseur. Er nahm über den Tisch hinweg die Hand seiner Frau und küsste sie.

Abends gelang es ihm meistens schnell, seine Gedanken abzuschütteln. Kehrte er ihnen den Rücken, indem er sich auf die andere Seite drehte, nahmen sie das regelmäßig hin. Heute vollführten sie die Wendung aber mit und standen ihm wieder gegenüber. Ja, Carlotta und er hatten miteinander geschlafen. Nein, es gab auch nichts auszusetzen. Ein Gleichklang wie immer, die seltenen Ausnahmen zählten nicht. Neben ihm jetzt ihr gleichmäßiges Atmen. Er hätte gern die Hand erneut ausgestreckt. Oder den Wunsch verspürt, dies zu tun. Aber der Wunsch war eingeklemmt. Marquard richtete sich im Bett auf und spulte zurück. – Er legt sich neben Carlotta. Ihr Oberbett deckt sie zu bis zum Kinn, das Fenster steht einen Spalt breit offen, trotz der Novemberluft. Er kriecht nah an sie heran. Carlotta bewegt sich nicht. Er hält einen Augenblick inne, denkt daran aufzugeben. In die Unterbrechung flammen die Lippen Cordula Teichmanns, die über den Strohhalm gleiten. Er beginnt, seine Hand auf Carlottas Körper wandern zu lassen, wartet auf das, was nicht kommt. Schickt die Hand weiter. So lange, bis Carlotta reagiert. – Das ist es, was anders war. Er musste sie überreden. Sie und sich.

Den ruhigen Sonntagmorgen wollte er zum Joggen nutzen und fuhr mit dem Fahrrad in den Tiergarten. Er lief immer dieselbe Runde, vom Englischen Garten in Richtung Osten, über den Großen Tiergarten im Süden zurück. Herabgefallene Blätter pappten unter seinen Schuhen, ein Fleckenteppich in Brauntönen. Im Rosengarten hatte sich das Leben verabschiedet, die Rosen waren schon zurückgestutzt. Er lief in Schleifen weiter, damit die Stunde voll wurde, überquerte die

Hofjägerallee. Es war Frühstückszeit, im Café am Neuen See dürfte kein Platz zu bekommen sein. Im Sommer hatte er mit Tom nach dem Laufen manchmal ein Bier im Garten getrunken. Vor Toms Verletzung, die ihn zur Pause zwang, bei der es geblieben war. Ich sollte wieder regelmäßig zum Fußballtraining gehen, dachte Marquard. Nur kam Carlotta häufig freitags aus der Arbeitswoche zurück. Carlotta, überraschend ihr Bild in seinem Inneren. Wie sie auf dem Balkon steht und über den Lavendel streicht, die Bluse in der passenden Farbe gibt Carlottas geformte Oberarme frei. Sie riecht ein wenig verschwitzt, nach Leben, aber nur, wenn er ganz nahekommt. Ein Sommerbild, obwohl es doch schon November war.

Er war nach der Runde völlig durchgeschwitzt, alles klebte am Körper. Aus einem plötzlichen Entschluss heraus radelte er, nass wie er war, statt nach Hause, weiter zum Brandenburger Tor. Er ging auf das Tor zu und blieb unter dem rechten Torbogen stehen. Nie hätte er geglaubt, dass die Mauer für ihn passierbar würde. Noch im Frühsommer neunundachtzig hatte ihn jemand gefragt, ob er sich eine Wiedervereinigung vorstellen könne. Die Antwort: »In zwanzig Jahren kann die Grenze eine andere sein, vergleichbar mit der nach Holland. Man zeigt seinen Pass und wird durchgewunken. Aber eine Grenze wird bleiben.« Gut zwei Jahre war das erst her. Jetzt rauschte vor seinen Augen der Verkehr, von West nach Ost und Ost nach West; unter dem Tor durch, das die Teilung verkörpert hatte. Seine Sätze von damals ließen sich mit nichts mehr zur Deckung bringen. Als überholte man sich selbst. Nur blieb der größte Teil von ihm in der Position des Überholten.

Er dachte an gestern, das Bild aus dem Flugzeug. Sie existierte noch, die Trennwand, der Osten wurde fremdbeleuchtet, das Licht reichte nur wenige Meter weit. Dahinter war alles dunkel.

Marquard machte ein paar Schritte auf dem Pariser Platz. Menschen aus dem Ost- und Westteil blieben unterscheidbar an Garderobe, Frisur, seinem Eindruck nach auch an den Bewegungen. Westler nahmen sich mehr Raum.

»Ist schon irre irgendwie, oder?«

Der Mann, den er angesprochen hatte, schaute abwartend.

»Das haben wir uns so lange gewünscht, und jetzt ist es wahr geworden.« Marquard wartete auf eine Reaktion.

»Sie sind aus dem Westen, stimmts?« Dabei musterte der Mann ihn nicht, sondern sah ihm ins Gesicht, als reiche das allein aus für die Beurteilung.

»Ja«, antwortete Marquard und fragte sich, weswegen der andere ihn trotz der Sportsachen so eindeutig zuordnete. Seine alte blaue Jogginghose gab keine Hinweise. Ebenso wenig die Handschuhe aus schwarzem Leder, die auch im Osten zu einem Winterspaziergang gehören konnten. Er hatte auch nur am Fleck gestanden, sich nicht zubewegt auf den Mann. Der Anorak?

»Dachte ich mir«, sagte der Mann und deutete auf Marquards Laufschuhe mit den drei Streifen. »Und auch sonst so«, fügte er hinzu.

Marquard wollte Luft schaffen für sein Gegenüber zwischen den ganzen trennenden Zeichen. »Sehen Sie das anders mit der Maueröffnung?«

»Tja, die Wünscherei.« Der Mann wiegte den Kopf, weder ein Ja noch ein Nein, ein Dazwischen. »Es ist wie so oft, man wünscht sich etwas, und wenn der Wunsch erfüllt wird, ist es auch nicht so dolle.«

Nicht so dolle. Der Kontrapunkt zur Bewertung der historischen Veränderung als Wahnsinn. Die Fantasie ist immer schöner als die Wirklichkeit. Marquard beschränkte sich darauf, freundlich »So läuft das wohl« zu antworten.

»Zu viele Veränderungen.« Der Mann fasste mit beiden Händen an seine Schiebermütze, als prüfe er, ob sie noch da war.

Marquard hörte sich einen Carlotta-Satz sagen. »Es wird Ihnen richtig was abverlangt.«

»Ich weiß gar nicht, was schlimmer ist, das viele Neue oder das wenige Alte. Überall Preise, nur welcher ist richtig? Immer nur Geld, Geld. Und die Betriebe schließen. Sogar die Ampelmännchen kommen weg.«

»Und am schlimmsten?«

»Dass wir nicht bestimmen können. Wir haben die Mauer aufgemacht, aber ihr entscheidet, welche Sachen hier passieren. Leider. Nichts für ungut.« Er hob die Hand zum Gruß an die Mütze und drehte sich weg.

Marquard sah dem Mann nach, wie er in eine Zukunft ging, zugewiesen von jemand anderem. Wie würde ich das empfinden, dachte Marquard, wunderte sich über den Gedanken und darüber, dass er ihm noch nie gekommen war.

Carlotta empfing ihn schon in der Diele, als er aufschloss, sie musste den Schlüssel rappeln gehört haben. »Das hat ja lange gedauert heute.«

»Ich hab noch eine Runde mit dem Fahrrad gedreht. Hier«, er hielt ihr das herbstliche Gebinde aus bläulichen Beeren, verfärbten Blättern entgegen, das er für sie am Perelsplatz von den Büschen gepflückt hatte. »In der Farbe deines Lavendels.«

»Und warum ist das mein Lavendel? Ich dachte, wir wohnen hier zusammen.« Sie nahm den Strauß entgegen.

Marquard bückte sich zu seinen Turnschuhen. Er schnürte sie auf. Nicht auch noch den Dreck aus den Rillen in der Wohnung verteilen. Wenn Diskussionen so begannen, konnte er nur verlieren.

»Oder irre ich mich?« Carlotta ließ den Herbststrauß sinken.

Er hatte sich schon als Antwort zurechtgelegt: Doch, klar wohnen wir hier zusammen. Aber er sagte: »Also die Blumenkästen sind doch wirklich deine Sache.« Er wusste sofort – falsch.

»Würdest du sie leer stehen lassen?«

Die ewigen inquisitorischen Fragen. Sie zu stellen, musste reine Freude am Streit sein. »Ich hab keine Lust auf diese Diskussionen.«

»Ach, du bestimmst, worüber wir sprechen, ja? Du sprichst doch über gar nichts.«

»Und du bohrst und bohrst, ich weiß nicht, wonach. Lass mich doch einfach mal.«

»Ich versuch, an dich heranzukommen.«

»Ich bin da, nur merkst du es nicht mehr. Es ist besser, ich fahr in die Firma.«

Er tauschte nur Jogginghose gegen Jeans, Shirt gegen Pulli und verließ die Wohnung. Die Tierversuche, darauf würde er sich konzentrieren und den Streit dabei vergessen.

Die Abteilung lag still vor ihm. Durch die Bemerkung des Pförtners, Marquard würde den Sonntagnachmittag allein da oben verbringen müssen, wusste er, niemand von seinen Leuten war anwesend. Gab es schlechte Nachrichten, konnte er das zunächst mit sich allein abmachen, ein Vorteil. Wie es ohne die Affen weitergehen sollte, wollte er sich nicht vorstellen.

Er schloss die Tür zum Sekretariat auf und bückte sich zu dem Regal mit den Ordnern. Rücken für Rücken las er die Beschriftung. Nichts über Tierversuche. Sonst hatten die Unterlagen hier gestanden. Der Rollschrank? Verschlossen. Marquard schlug die Privatnummer der Sekretärin nach und rief sie an.

»Wegen der Unterlagen zu den Tierversuchen? Haben wir in der letzten Woche in den Rollschrank geräumt. Wunsch des Vorstands.« Die Sekretärin, wach wie immer.

»Ist der Schlüssel hier oben?«

»Liegt in der Schachtel mit den Büroklammern.«

Noch während er sich bedankte, stand er auf. Fand den Schlüssel, steckte ihn in das Schloss, das krachend die untere Hälfte der Rolltür fallen ließ. Tierversuche, da standen die Ordner. Er öffnete den ersten, er enthielt nur Anträge. Alle waren bewilligt worden, auch der letzte zu den Primaten. Wo waren die Richtlinien? Tierversuche neu, die Schrift kräftig, unabgegriffen. Marquard nahm den Vorgang heraus und klappte ihn auf. Die Empfehlungen der neuen bundesweiten Zentralstelle zur Reduzierung von Tierversuchen aus dem Sommer waren ihm bekannt. ZETEB, das Kürzel hallte seit zwei Jahren durch die Flure, wenn ihnen immer neue Alternativen zu Tierversuchen durchgereicht wurden. Als solches barg das kein Problem. Wenn vernünftige Vorschläge auf den Tisch kamen, folgte er ihnen gern. Die Affen schonen, erst einsetzen, wenn der Wirkstoff an den Schweinen wasserdicht funktionierte, so könnte man es regeln. Dass sich dadurch die Vorklinik verlängerte, war hinnehmbar. Nur wenn sich Deutschland auf den Weg begab, Versuche mit Menschenaffen, schlimmstenfalls mit sämtlichen Affen, nach und nach zu verbieten, was dann?

Weil er nichts fand, rief er noch einmal bei der Sekretärin an.

»Der Vorstand hat eine freiwillige Beschränkung der Versuche mit Affen beschlossen. Ist noch nicht abgeheftet, müsste Ihnen aber vorliegen. Hab ich Donnerstag verteilt, bevor ich aus dem Haus gegangen bin.«

Offenbar hatte ihn das Schreiben am Donnerstag nicht mehr erreicht, weil er das Haus direkt vom Labor aus verlassen hatte und am nächsten Morgen nach Düsseldorf gestartet war. Er schloss das Sekretariat ab, lief den Gang entlang zu seinem Büro. Die rote Schrift auf dem Papier, das mitten auf seinem Schreibtisch lag, sprang ihm entgegen: »Verbot von Versuchen mit großen Menschenaffen«.

Unwillkürlich wählte er Sandras Nummer, legte aber sofort wieder auf. Sich erst einmal sortieren. Er besprach morgen die Lage mit Sandra. Mit wem sonst.

Als er sich der Wohnung näherte, standen der Wunsch, nach Hause zu kommen, und der Wunsch fernzubleiben, einander gegenüber. Gleich würde es feindselig durch die Räume wabern wie bei seinem Weggehen. Wo er doch Zuspruch gebraucht hätte. Er fuhr einmal um den Block, hielt erst dann nach einem Parkplatz Ausschau. Das Auto stand in der Parklücke, Marquard hielt das Steuer eine Weile fest, bevor er entriegelte und kräftig die Fahrertür aufstieß. Wenn die Luft oben undurchdringlich blieb, würde er lesen, durch andere Welten wandern, aber als Gast, so dass er sich verabschieden konnte, wann immer er wollte. An der Spannung zwischen Carlotta und ihm konnte er nichts ändern. Was er auch sagte, regte zu neuem Disput an, den er vermeiden wollte. Allein Carlotta durfte mit dem Schwamm über alles wischen.

Er betrat den Hausflur, stieg hinauf, Stufe für Stufe, zum ersten Mal in Versuchung zu zählen. Er würde Hallo sagen, um jedem Vorwurf vorzubeugen, und dann in sein Zimmer gehen. Das war der Plan, als er den Schlüssel herumdrehte.

Zu seiner Überraschung trat Carlotta aus ihrem Zimmer, strahlte und sagte: »Dreulings haben uns für heute Abend zum Doppelkopf eingeladen.«

»Okay, wieviel Uhr?«

»Acht, dann ist Lara im Bett. Gibt nur Knabberzeug. Um zwanzig vor müssen wir los.« Mit den Worten: »Ich such mir noch ein paar Adressen raus, morgen ist Akquise dran«, entschwand sie.

Was hatte den Stimmungsumschwung ausgelöst? Möglicherweise wollte Carlotta den Abend mit Dreulings retten, wozu sie eine normale Atmosphäre brauchte. Er hätte es gern entschlüsselt. Sätze über Lavendel, eine verspätete Rückkehr vom Joggen, er sah da nicht durch. Die Sache mit dem Fußball war längst erledigt. Fragte er nach, fachte das den Streit wieder an. Er ließ das jetzt alles auf sich beruhen und verhielt sich still. Das ging auch. Hauptsache, es war Frieden.

Der Roman hielt zunächst nicht, was das Cover versprach. Eine Geschichte über Kinder in den Ferien, das fing ihn nicht ein. Er klappte das Buch zu, bog seinen Ledersessel zurück und platzierte die Füße auf dem Hocker um. Sein rechter Fuß war eingeschlafen. Sprung, dachte er, ich greif jetzt nach vorn, etwas, das für ihn sonst mit Ungeduld verbunden war und nicht zu ihm passte. Er spreizte Daumen und Zeigefinger und trat mitten auf einer zufälligen Seite durch das Wort »Lust« in die Handlung ein. Er las einfach, las und las, wie Körper einander umschlossen, Brücken bauten zueinander, alle Grenzen aufhoben. Irgendwann rief Carlotta, sie müssten noch etwas essen, er sah auf die Uhr, noch eine halbe Stunde. »Machst du mir auch ein Brot?« Carlotta sagte Ja und reichte es ihm an den Sessel, was ihn verwunderte.

»Gibt es Probleme?«

»Wieso?« Er hätte gern weitergelesen.

»Weil du heute in der Firma warst.«

»Nein, nichts Besonderes.«

»Weil du doch sonntags kaum hingehst.«

»Der Bericht von der Tagung musste vorbereitet werden, ich hab nur was nachgeschlagen.«

Dieses Gerede über Dinge, die nicht rund liefen, verweigerte er. Unangenehmes fütterte sich selbst, wenn man sich nur lange genug damit befasste. Es kamen Facetten hinzu, Vorschläge, Abwägungen und aus einem Schneeball entwickelte sich eine Lawine. Nach diesen unbestreitbaren Wahrheiten richteten sich die Männer, die Frauen nicht, rätselhaft.

»Dann bist du also auch nicht geflüchtet?«

Eine neue Tretmine. »Nein. Ich wollte ohnehin arbeiten gehen.« Er hörte sich an der Wahrheit vorbeischleichen. Aber wenn er sagte: Ja, mir ist der Streit auf die Nerven gegangen, und ich wollte nicht, dass es immer schlimmer wird, war der Frieden wieder dahin. In wenigen Minuten würden sie bei Dreulings auf die Klingel drücken. Passte nach Carlottas Vorstellung in dieses Zeitfenster noch eine kleine Auseinandersetzung?

Er senkte den Blick auf das Buch. Carlotta ging aus dem Raum. Er las weiter, ließ sein Brot liegen, blätterte hastig. Jetzt sollten sie das Haus verlassen. Egal, Carlotta würde ihn rufen.

Sein Name. Er klappte das Buch zu, biss jetzt doch in sein Brot, schmeckte nichts, seine Gedanken noch bei dem Mann und der Frau, die zusammen waren, jeder beim anderen, verbunden durch die Sprache des Körpers.

Eine rote Filzdecke umspannte die Platte des runden Esstischs, milchweiße Gläser bildeten Tupfen, ein Fliegenpilz.

»Neu?« Carlotta deutete auf die Gläser.

»Nein, die nicht.« Tom strich über die rote Decke mit einem Stolz, den Marquard für den Gegenstand als übertrieben empfand.

»Wir haben sie wieder rausgeholt.« Heike stieß die Schulter leicht an Tom: »Was altes Neues.«

Marquard versuchte gar nicht erst, das Bild zu ordnen. Altes Neues, neues Altes, Heike sprach wie so oft in Rätseln, die er weder lösen konnte noch wollte. Er nahm die Karten und begann zu mischen, klopfte dabei mit der Kante des Kartenpäckchens immer wieder auf den Tisch, bis die Mitspieler sich endlich zu ihm setzten. Er ließ Tom abheben und verteilte die Karten.

Doppelkopf, ein Spiel, das ihm lag, es nahm ihm nicht die Kontrolle.

»Hochzeit«, sagte Heike an, »wer heiratet mich?«

Ich nicht, dachte Marquard spontan, obwohl er natürlich gern von Heikes beiden Kreuzdamen profitierte und die Heiratswütige so geschickt wie möglich für dieses Spiel einfing. Sie gewannen, Marquard notierte die Pluspunkte für Heike und sich.

»Ihr wisst noch gar nichts von unserer neuen Bestellung.« Tom hielt inne, statt zu mischen.

Heike fand, irgendetwas passe zu ihrem zehnten Hochzeitstag, eine Bemerkung, die nicht einzuordnen war.

»Wir bekommen im nächsten Jahr nochmal Nachwuchs.« Tom sah Marquard dabei an.

Carlotta gratulierte und legte ihre Hand auf die Heikes.

»Was, jetzt noch?«, fragte Marquard, Lara war immerhin schon sieben und Tom älter als er.

»Wir sind jedenfalls noch nicht zu alt.«

Toms Return war gut, Marquard lachte, es hörte sich für ihn selbst künstlich an. Im nächsten Spiel unterlief ihm ein krasser Fehler, er stach, obwohl er Kreuz hätte bedienen müssen.

»Klappt nicht mehr so, oder?«, kommentierte Tom.

Marquard winkte ab und ging ins Bad. In der Klarheit der mattweißen Kacheln fragte er sich, was los war mit ihm. Er drehte das Wasser am Waschbecken auf, fuhr mit den nassen Handflächen über sein Gesicht. Es war Tom gegönnt, sich überlegen zu fühlen, sollte er die Gelegenheit nutzen. Carlotta und er hatten sich bewusst gegen Kinder entschieden. »Carlotta und ich«, es ging ihm leicht von der Zunge, dabei wusste er, nicht sie hatten entschieden, sondern er, in der Hoffnung, sie schlösse sich seiner Entscheidung an. Hier in diesem Raum hatten sich die Weichen endgültig gestellt, vor gut sieben Jahren.

Marquard sah in das Glasregal zu seiner Rechten. Dort hatten sie gelegen, die Einlagen für Heikes Still-BH und die Vorstellung, aus Carlottas festen Brüsten tropfe Milch, warm und gelblich, hatte sich ihm aufgezwungen. Er müsste seine Frau dem Säugling überlassen oder sich auf dessen Stufe stellen, wenn er sich ihr näherte wie gewohnt. Sie wäre aufgeschnitten oder eingerissen, alles war gleich furchteinflößend, sie wäre nur noch für das Kind da und nichts mehr wie zuvor.

»Carlotta, muss das sein?« Seine Frage damals in der Nacht flehte um ihr Nein. »Mensch«, durch Carlottas Antwort war es ihm bewusst geworden. »Mensch«, gedehnt, aber ohne Vorwurf, mehr, wie man nachfragt, ob etwas so gemeint oder so schlimm sei. Er, der als Mensch Angesprochene, schwieg, weil es nichts zu sagen gab, vor allem gab es nichts zu relativieren oder gar zurückzunehmen. Carlotta lag in seinem Arm und blieb dort, ohne sich einen Zentimeter von ihm wegzubewegen, er registrierte das genau. »Müssen muss gar nichts.« Die zweite Antwort ließ auf sich warten, wohl aber nur scheinbar, tatsächlich dürften lediglich Sekunden verstrichen sein. Ihm jedenfalls reichte Carlottas Satz über das Müssen, das nicht muss, als Entscheidung, bei der es geblieben war – bisher. Nur hatte bisher auch keine Heike Dreuling auf dem letzten Meter ein Kind auf den Weg gebracht. Egal, wie es ausging, die ganze Rechnung war nicht aufgegangen.

Fragmente

Wie würde Carlotta an seiner Stelle die Besprechung beginnen? Es war kurz vor halb neun, gleich erschienen die Mitarbeiter. Er musste ihnen die Neuerungen als annehmbarer verkaufen, als er sie empfand, etwas, das ihm nicht lag. Er konnte gute Tage zu besseren machen, aber nicht Schlechtes in Gutes verwandeln. Carlotta war Meisterin in letzterem, grundsätzlich jedenfalls. Turn shit into roses, eine ihrer Prämissen bei der Arbeit, sie liebte den Ausspruch so, dass er ihren Alltag durchwob: Erkältung? Eine kleine Auszeit. Regenwetter? Ab in die Sauna. Streit? Eine Variante von Nähe – solange es nicht um ihn ging. Für ihn war Schlechtes schlecht und Gutes gut, von wo aus auch immer man es betrachtete. Dem Schlechten weniger Raum zuzugestehen, war alles, was man tun konnte.

Wie überstand er die bevorstehende Sitzung, in der ihm ein Zweifrontenkrieg drohte: Im Rücken der Vorstand, vor der Brust sein Team? Sorgen ernst nehmen, nicht beschwichtigen, nach Ressourcen suchen, Lösungen anbieten. Irgendwann hatte Carlotta ihm einmal dargestellt, was sie Führungskräften zur Lösung von Konflikten an die Hand gab. Er war unsicher, ob seine Erinnerung die Sache vollständig rekonstruierte. Die Haltung, sie sei das Entscheidende. Ein Wir, statt ein Die und ein Ich. Ihm hatte das allenfalls eine Ahnung davon vermittelt, worum es ging. Jedenfalls sah er sich nicht dafür gerüstet, aus diesen wabernden Anweisungen nun einen Auszug zu destillieren, an dem er sein Verhalten ausrichten konnte.

Zuallererst musste er mit diesem seifig agierenden Vorstand telefonieren, um zu klären, ob mit einer weiteren Beschränkung der Tierversuche zu rechnen sei.

Aalglatt der Kerl: »Aber nein. Um dem vorzubeugen, üben wir ja gerade den freiwilligen Verzicht auf die Versuche an großen Menschenaffen. Keine Sorge, Dr. Hütter.«

Der förmliche Ton, nicht eben beruhigend.

An Marquards Tür machten sich die Mitarbeiter bemerkbar. Vorneweg Klöpper, die Brust herausgestreckt, als prangte die Note seiner Doktorarbeit darauf, und alle sollten sie bewundern. Klöpper, der keinen Hehl daraus machte, dass er liebend gern auf seinem, Marquards, Stuhl säße. Sandra folgte, hob kurz die Schultern, winkte dann ab, sie stand auf seiner Seite. Berger bliebe ewig Laborant, auch jetzt galt sein Interesse erkennbar mehr Sandras Hinterteil als der Besprechung. Zuletzt Runge, der Mann aus dem Osten. Mit Runges Eintreten wehte ein strenger Tiergeruch zu Marquard. Runge wechselte die Kittel nicht oft genug, vielleicht waren sie zu DDR-Zeiten zu selten verteilt worden, die Ausdünstungen der Versuchstiere setzten sich im Laufe der Woche in der Schutzkleidung fest. Runges Markenzeichen war das Schweigen, wobei Schweigen natürlich in Ordnung war, nur schwieg Runge anders als er selbst, verdruckst. Die Ziegenkranz hatte Urlaub, Glück gehabt, der Name war Programm. Seine Laborleiterin widersprach aus Prinzip, egal wem, notfalls sich selbst.

»Sie haben ja alle« – er hob den Zettel des Vorstands mit der roten Schrift hoch, als ihm Klöpper schon mit der Frage, wie es weitergehe, ins Wort fiel. »Moment,

Herr Kollege«, sein Ton deutlicher als beabsichtigt, Klöpper verschränkte die Arme vor der Brust. »Tierversuche mit großen Menschenaffen sind ab jetzt verboten.« Wie er das sagte, klang es, als habe er selbst das Verbot ausgesprochen.

»Ja, das wissen wir«, Klöpper löste die Arme, »Nur, was heißt das?«

Marquard erläuterte, was alle wussten. Die Versuche müssten nun an kleinen Affen durchgeführt werden, auch da seien die Ergebnisse aussagekräftig.

»Aber nicht in gleichem Maße.« Klöpper ging es offenbar darum querzutreiben.

»Wenn man die Ergebnisse zu deuten versteht, schon.« Das hätte er nicht sagen sollen, Ergebnisse verstand Klöpper so gut wie er, fast jedenfalls. Er brachte Klöpper nur gegen sich auf.

»Eben«, warf Sandra ein, »das können wir hier ja alle.«

Marquard packte den Satz, sagte: »Genau, besonders Sie, Herr Kollege«, was Klöpper zu seiner Überraschung geschmeichelt lächeln ließ.

»Wird schon«, meinte Berger und sah dabei Sandra an.

Dieser Berger mit seiner Anmache. Sandra sollte ihn in die Schranken weisen. Liebschaften im Team waren unerwünscht, ein Kodex in der Firma, den er selbst ausdrücklich unterstützte.

Runge musste etwas sagen. Für Runge bestand ohnehin eine Schieflage im Team. Er war unten. »Herr Runge?«

»Ja?«

»Sehen Sie besondere Schwierigkeiten durch das Verbot, haben wir etwas übersehen?«

Runge wand sich, kippelte auf seinem Stuhl, verzog das Gesicht.

»Das Team ist für jede Anregung dankbar.« Sandras Lächeln, sachlich und gewinnend zugleich.

»Na, ja, solange wir die kleinen Affen noch haben, können wir es kompensieren. Aber aus Österreich hab ich läuten hören, dass die da weiter gehen wollen.«

»Auch die kleinen?« Das hatte der Vorstand gerade verneint. »Wie kommen Sie darauf?«

Runge wich aus, Marquard stolperte das Wort »Stasi« durch den Kopf, gefolgt von dem Wort »Blödsinn«.

»Sie sollten das klären.« Klöpper schlug einen Ton an, als könne er die Befehle erteilen.

»Ist schon geschehen, der Vorstand hat weitere Einschränkungen ausgeschlossen.«

Klöpper reagierte mit »Hoffentlich stimmt es.«

Runge starrte untot vor sich hin.

»Ist doch gut.« So schlank kommentierte Sandra.

Wenn dieser Runge nun doch etwas wusste. »Richtig erleichtert wirken Sie nicht, Herr Runge.«

»Man weiß nie, was unter politischem Druck alles passiert.«

»Ich hab heute Morgen recherchiert. Nichts Bedrohliches zu finden, auch nicht aus Österreich«, entschärfte Sandra.

»Gut, dann haben wir es ja erstmal.«

Die Mitarbeiter standen auf. Ohne Sandra, dachte er, wäre Klöpper vom Konkurrenten zum Gegner mutiert, Runge steckte weiter in der Totenstarre. Ein bloßes Flügelschlagen hinderte die gekreuzten Klingen, aufeinander einzudreschen, ein Gurren löste die Erstarrung. Woher nahmen die Frauen das.

Er betrachtete Sandra, die als letzte sein Büro verließ, wie sie in den Flur trat, als tanzte sie mit dem Türblatt. Er ertappte sich bei der Suche nach Spuren ihres BHs unter dem Kittel. Jetzt war sie draußen und er mit seinen Gedanken allein. Er sollte an die Affen denken, stattdessen drängten sich seine Gedanken unter Sandras Kittel, nicht zum ersten Mal. Und immer war sie nackt unter der steifen, weißen Baumwolle. Weiter lief die Fantasie nicht, seine Vorstellung stand einfach still, oder er würgte sie ab. Er verbot sich diese gedanklichen Übergriffe, aber die Abstände zwischen ihnen verkürzten sich.

Carlotta erschien am Ende des Flurs und trug eine Schürze. In der Hand hielt sie ein Messer. Sie kam auf ihn zu und drückte die Arme an seine, vermied, seinen Körper anzufassen, um keine Spuren des Kochens zu hinterlassen. Die leere Umarmung umwehte ein Geruch nach Speck.
»Du kannst helfen.« Sie drehte sich wieder weg.
»Ja, gleich«, er wollte sich nur schnell die Hände waschen, nach der Post sehen. »Fünf Minuten.«
In der Post nichts, was Zeit beanspruchte, Kontoauszüge, Reklame, die neue Cell. Er hielt kurz die Augen auf dem Deckblatt, suchte die Titel ab, ob sie das Thema Tierversuche behandelten. Nichts. Er musste die Sache jetzt abschließen.
Auf dem Weg ins Bad roch er, in der Küche briet etwas, Fleisch wohl, eine Wolke zog den Flur entlang. Er schloss die Badezimmertür hinter sich. Den WC-Deckel hochklappen, sich hinsetzen, eine Weile hatte er sich geweigert, dann aber doch nachgegeben. Er trocknete die Hände ab und nahm das Rasierwasser von der

Glasplatte. Old Spice, ein Geruch, so weit weg von Paco Rabanne, wie es nur ging. Er schüttete mehr als sonst in seine Hände, eigentlich benutzte er sein After Shave nur morgens, aber er wollte etwas anderes in der Nase haben als den Geruch von schmorendem Fleisch. Seine Handflächen patschten links und rechts auf seine Wangen und hinterließen kühle Flecken. Er sah im Spiegel, wie der Trägerstoff langsam verdunstete. Unter der Tür zog der Essensgeruch ins Badezimmer. »Essen ist die Erotik des Alters«, der Spruch seines Schwiegervaters legte sich über das After Shave. Kann sein, dachte Marquard, aber ich bin einundvierzig, mich geht das nichts an.

»Bald ist Weihnachten«, sagte Carlotta und drehte die Gabel mit den Nudeln auf dem Löffel. Er selbst benutzte den Tellerrand, die Mutter hatte das nach einem Italienurlaub eingeführt: »So macht man das!« Er lernte im Laufe der Zeit, weiße Hemden trotz dieser Esstechnik einigermaßen zu schützen oder schnell einem Fleckentferner zu überantworten.

»Was ist?« Das Nudelknäuel näherte sich ihrem Mund.

»Was soll sein?«

Carlotta kaute, legte die Gabel auf den Teller und wedelte mit der Hand vor ihrem Mund herum, als müsse sie begreiflich machen, dass man mit vollem Mund nicht sprach. Oder als ginge es um ein: Du weißt ja wohl, dass ich es weiß. Schade, dass wir das nötig haben, dachte Marquard und goss sich einen Schluck Wein nach.

»Na, was machen wir Weihnachten?« Sie schenkte sich auch noch etwas Wein ein.

Wenn ein Gespräch mit »Bald ist Weihnachten« begann, konnte es nur böse enden. Sie betraten einen Raum, randvoll mit disparaten Erwartungen, die sich breit und breiter machten, und was er wollte, passte nicht mehr hinein. Weihnachten könnte für ihn getilgt werden. Die dazugehörigen Plätzchen allerdings, die Carlotta früher gebacken hatte, die hätten bleiben können. Aber wie es so war mit den Wünschen, die Plätzchen verschwanden, Weihnachten kehrte regelmäßig wieder.

Carlotta fragte, ob er noch etwas Soße wolle, hob die Kelle an, strich einen Rosmarinzweig zur Seite und goss den Hackfleischbrei auf seine schon etwas trockenen Nudeln. »Füttere die Bestie gut«, da war er wieder, der Großmutterspruch, warum tauchten heute die Verwandten in seinem Kopf auf, es mochte am nahen Weihnachten liegen.

»Danke«, sagte er in der Hoffnung, das reiche, und vermischte die Soße mit den Nudeln. Carlotta musste doch sehen, er war damit hinreichend beschäftigt.

»Ich meine, wir haben ja immer zwischen Hannover und Bochum abgewechselt, ich hab gedacht, wir könnten mal was anderes machen.«

»Wegfahren?« Er wusste: nein.

»Nein. Ich dachte, wir könnten sie alle zu uns einladen. So viele sind es ja nicht.«

Fünf, dachte er, sieben mit uns.

»Was meinst du Marquard?«

»Tja.«

»Dir ist wieder alles egal.«

»Nein.« Er hob jetzt die Schultern noch einmal, nein, ihm war nicht alles egal, er war nur ratlos.

»Doch, man kann es ja sehen.«

»Ich hab nur gedacht, meine Familie war doch gerade da.«

»Marquard, ich habe keine Lust, in der Kinderrolle zu verharren und mein Leben lang Weihnachten zu den Eltern zu fahren, nur weil wir selbst keine Kinder haben.«

»Dann organisiere es, wie du meinst.«

Carlotta warf ihm einen müden Blick zu und begann abzuräumen.

Sie kam ihm traurig vor. So, dass es ihn aufrief, etwas zu sagen. Der Satz, ob sie ein Kind wolle, um Weihnachten nicht mehr nach Haus zu müssen, wäre der falsche. Er kannte den richtigen: Wenn du jetzt doch noch ein Kind willst, in Ordnung. Nur war ein Kind eben nicht sein Wunsch.

Marquard nahm den Topf mit der Sauce vom Tisch und folgte Carlotta in die Küche.

Einen neuen Wunsch bilden. Marquard bog nach links in die Perleberger Straße ein, schaute nach rechts, der Richtung, aus der er kam, wenn er von Zuhause aus ins Unternehmen fuhr. Kurz nach sieben, Carlottas Flug nach München startete gleich. Sie war auf das gestrige Weihnachtsthema nicht zurückgekommen. Heute Morgen sprudelte die Stimmung lebendig vor sich hin. Carlotta hatte in der Küche gepfiffen, und im Auto auf dem Weg nach Tegel herrschte ein Gelächter, das sich grundlos und jung anfühlte. Aber es war nicht grundlos, er kannte den Grund, er glaubte jedenfalls, ihn zu kennen. Sie hatten nach dem Wachwerden unvermittelt miteinander geschlafen, ohne Anlauf, ohne Gedanken. Überraschend für sie beide. Es war, als hätte sich die Zeit für einen Augenblick zurückgedreht auf Anfang, der schneller als erwartet aufgegeben hatte und lange zurücklag. Carlotta, ihr Körper, der ihn lebendig machte und die Vergangenheit vergessen ließ, drei oder vier pralle Jahre lang. Auf einen Anfang, der übertuschte, was fehlte, was Carlotta fehlte, was ihm.

Als er aus dem Lift trat, hielt er kurz inne, um sich klarzuwerden, ob er nach links oder rechts gehen musste. Ihn erwartete heute vor allem Routine, weitere Versuchsanordnungen planen, Druck beim Vorstand machen, damit endlich der Thermocycler angeschafft wurde, sie modern arbeiten konnten, statt im Erlenmeyerkolben weißen Schwefel aufsteigen zu lassen wie zu Großvaterzeiten, bislang ohne habemus papam sagen zu können. Thermocycler, ein Wort wie eine Verheißung, er durfte keine allzu große Zuversicht aufkommen lassen. Mehr als die Versuchsreihen zu beschleunigen, versprach das neue Gerät unter dem Strich auch nicht. Dennoch, wenn sie die DNA der Trägerstoffe automatisiert veränderten, mussten sie insgesamt schneller vorankommen. Marquard mahnte in einer Mail gegenüber dem Finanzvorstand an, die Zusage doch bitte einzuhalten.

Ein neuer Eingang: Cordula Teichmann. In der Mail nur ein Gruß und der Verweis auf den Anhang, der mit »Info« bezeichnet war. Er klickte ihn an, langsam baute sich die Datei auf. Was, wenn sie ihm schriebe, an ihrer Uni in München sei eine Gastprofessur vakant, sie würde seine Bewerbung unterstützen. Die Stelle war frei, er hatte es in der Cell gelesen und nicht vergessen. Wenn er sich bewerben würde, seine Habil-Schrift in Bestleistung aus der Schublade zöge, die beeindruckende Sammlung seiner Veröffentlichungen dazu … München, er lehnte sich zurück. Im März im Englischen Garten liegen, ins

Oberland zum Wandern fahren, einkehren in ein altes Wirtshaus und die Welt heil sein lassen. Keine Finanzvorstände, denen es nur ums Geld ging, kein Runge, den man zu Recht oder Unrecht mit dem Wort Stasi in Verbindung brachte. Keine Schlangen in Supermärkten wegen Hamsterkäufen, getrieben von einem Mangel, den es nicht mehr gab. Keine Carlotta? Auf dem Bildschirm flimmerte der Schoner. Keine Carlotta? Vielleicht eine Cordula Teichmann? Er klickte erneut auf Öffnen. Die Datei erschien. Sein Blick jagte darüber, suchte das Wort »Gastprofessur« – vergeblich. Die Datei enthielt eine Warnung zu den Affen.

Landnahme

Er konnte nicht sagen, wer die Idee aufgebracht hatte, Carlotta oder er. Sie war da und vermittelte ihnen: Es gibt nur diesen Schritt nach vorn. Jedenfalls studierten sie Anfang Januar in der Zeitung die Rubrik »Resthöfe«.
»Umland klingt gut«, bestätigte Carlotta. Sie kam nach Hause, schlug die Mittwochszeitung auf und strich mit rotem Filzstift Anzeigen an. Das Programm fürs Wochenende, aufgestockt durch die Anzeigen am Sonntag. Zu spät kommen, das konnte zum Zusammenbruch eines ganzen Staates führen. »Erstmal alles Erreichbare, dann bekommen wir ein Bild«.

Er wäre die Sache lieber anders angegangen, hätte herausgefiltert, was nach Größe, Preis, Lage ernsthaft in Frage kam.

»Schau sie kurz durch, Marquard, ich hab vorsortiert.«

Carlotta war mit Dorrit verabredet und ließ ihn mit den Anzeigen allein. Kaum war sie weg, stieß das Telefon den hupenden Dreiklang aus, an den er sich noch nicht gewöhnt hatte. Es war einmal mehr Heike Dreuling, die sich so auch meldete, wenn er am Apparat war, Heike Dreuling, nicht etwa Heike. Ihre Anrufe häuften sich in letzter Zeit.

Heike Dreuling fragte: »Wie gehts?«.

Er hasste es, wenn ein Telefonat mit dieser Frage begann, weil er sich aufgerufen fühlte zu überlegen, wie es ihm ging und ihm selten mehr als »ganz gut« einfiel. »Carlotta ist noch nicht zurück«, antwortete er und ahnte, dass Heike dies zum Grund nehmen würde, sich bei Carlotta über ihn zu beklagen.

Er versprach Heike, Carlotta auszurichten, sie solle sich melden, legte auf und schrieb »Bei Heike melden« auf einen Zettel, wie Carlotta es ihm eingeschärft hatte. Vielleicht hatten Heike und Tom Eheprobleme, dafür galt Carlotta als Spezialistin, selbstverständlich nicht für die Eheprobleme, sondern für deren Lösung. »Das merkt er doch gar nicht«, hatte er Carlotta vor Kurzem sagen hören und gehofft, es bezöge sich auf Tom. Anders als üblich, berichtete Carlotta von den Gesprächen mit Heike ausweichend bis gar nicht, und als er einmal nachfragte, antwortete Carlotta: »Keine Angst.« Wovor er Angst haben solle, hatte er zurückgefragt. »Lass mal, Marquard«, hatte Carlotta geantwortet. Den Zettel legte Marquard vor Carlottas Schreibtisch auf den Teppichboden.

Die Frau auf dem Cover der Vogue, die auf Carlottas Tisch lag, hatte schrägstehende Augen und hohe Wangenknochen, das Haar jungenhaft kurz in einem fast weißen Blond. Eine Frisur, als könnte sie sich durch die kurzen Stoppeln streichen und erwarten, das Gegenüber würde alles an ihr mögen. Marquard schlug das Heft auf. Er tat das öfter in letzter Zeit, immer hinter Carlottas Rücken, obwohl das Bild, das er bot, unschuldig war: Der Ehemann blättert im Modemagazin der Frau. Aber er reiste mit den Frauen in Fantasiewelten und wollte sich bei seinen Ausflügen nicht zusehen lassen. Er stellte sich die eine vor im Strandkorb neben sich, die andere im Jeep in der Wüste, die dritte, vierte und fünfte beim Skilaufen, Wandern oder in einem Café in Paris. Manchmal sah er sogar ein Kind an der Hand einer Frau. Es waren andere Leben, in die er sich hineinträumte. Einfach nur so.

»Dreulings wollen morgen mitkommen.« Das hatte Carlotta gestern gesagt und sein »Warum?« mit einer knappen Erklärung abgefertigt. Nun zog am Autofenster benutzter Januarschnee vorbei, der in den milden Temperaturen zerfiel. Sie waren unterwegs in einen Ort, den niemand kannte, der aber einen alten Gasthof vorzuweisen hatte.

Was Tom und Heike zu der Tour trieb, blieb ihm unklar. Er hatte ihre Sätze durchgeschüttelt. Bei Tom ließ sich heraussieben: »Bloß schauen«, »das Umland gehört doch jetzt zu uns«, »wir haben sonst auch nichts vor«. Bei Heike deuteten die Botschaften in mehrere Richtungen. Schwärmerische Beschreibungen von Natur, die angesichts des nieseligen Graus um sie herum ins Komische abdrifteten. Dem Kind täte frische Luft gut. »Wir dachten, wir haben mal etwas Zeit zusammen.« An diesem Punkt hatte Heike recht. Es lag lange zurück, dass sie alle einen Tag miteinander verbracht hatten. Da war Lara noch klein, fütterte die Enten am Wannsee mit einer beeindruckend ausdauernden Leidenschaft, an die er eine Weile zurückdachte. Er konnte den Knoten nicht entwirren, Heike hatte ihn zu eng geschlungen. Im Grunde konnte es ihm egal sein. Heike regierte bei Tom hinein, nicht bei ihm.

Es fing an zu schneien auf eine unentschiedene Weise mit Flocken, klein wie Linsen.

»Sollen wir aussteigen?«, fragte Carlotta und sah vom Beifahrersitz aus zu der alten Kneipe.

Heike klärte die Situation durch das Öffnen des Wagens.

»Kann ich da ein Pferd bekommen?«, fragte Lara an Marquard gewandt.

Das Kind denkt, ich hätte Einfluss darauf, wunderte er sich und sagte: »Frag deine Eltern.« Die würden ihrer Tochter hier sicher kein Pferd kaufen.

Marquard drückte die Klinke herunter. Die Tür ließ sich ohne Widerstand öffnen. Im leeren Gastraum erstickten Staub, fleckige Wände und der Rest eines herausgerissenen Tresens jede Vorstellung von dem, was hier entstehen könnte.

»Was soll das kosten?« Heike fing sich als Erste.

»Hundertzwanzigtausend.« Carlotta hatte die Zahl parat.

»Für die oder für euch?« Tom mal wieder.

»Für Hütters natürlich.« Heike mal wieder.

Wie immer glitt Toms besonderer Humor, den er in einem Kleinstsatz einschmelzen konnte, an seiner Ehefrau ab. Marquard fragte sich schon lange, wie es möglich war, dass das, was alle an einem Menschen schätzten, gerade dessen Partner verborgen blieb.

Lara hatte die Hand ihrer Mutter ergriffen und drückte sich an sie.

»Kommt, wir sehen uns noch den Rest an.« Er klinkte eine Seitentür auf. Am Kopfende eines Saals fiel über eine Bühne ein roter Vorhang.

»Ein Kasperletheater«, träumte Lara.

»Ganz richtig, fragt sich nur, wer hier für wen den Kasper spielt.« Tom in Bestform.

»Was du bloß daherredest, Tom.« Heike leider auch.

»Ihr spielt alle für mich.« Lara sah von einem zum anderen.

»Jetzt nicht«, sagte Heike, »Es ist zu kalt.«

Carlotta schwieg.

Im warmen Auto kam wieder Leben in Carlotta. »Letzte Woche ködern sie uns mit ›Wassergrundstück‹. In Wirklichkeit war das ein Suchspiel, und jetzt diese Bruchbude mitten im Nichts.«

»Wie wir da gestanden haben auf dem Dachboden, richtig eingefroren. Das Schlussbild einer Theateraufführung.« Marquard wartete auf ein Echo.

»Sechs Wochen«, gab Carlotta vor, sechs Wochen für den Marktüberblick. Dann sei die Zeit reif für eine Zwischenbilanz.

»Wenn ich sehe, was die für den Preis anbieten, überblicke ich den Markt hinreichend«, meinte Tom.

»Tom, Angebot ist nicht gleich Nachfrage, lass uns einfach schauen, wie lange sie das Objekt annoncieren.«

Kühl abtropfen lassen, Carlotta konnte das. Irgendwo, dachte Marquard, hatten sie diesen Coaches beigebracht, wie sie den Vornamen ihres Gegenübers einzusetzen hatten. Bewegte er selbst sich in deren Kreis, hörte er mehr Namen als sonst in einem Monat, wobei die Position im Satz offenbar einer Choreografie unterlag. Der Name am Satzbeginn nutzte den Klang des Aufrufens in der Schule. »Marquard, aufstehen!«, »Marquard, setzen!« Die Aufmerksamkeit zog sich durch den Namen erwartungsvoll zusammen und schloss den Widerspruch so weit wie möglich aus. Klar, die Technik konnte auf Intuition beruhen. Waldi, Platz! Dem Prinzip folgte jeder. Durch »Du, Marquard« färbte sich die Sache in einen kumpelhaften Ton. Stand der Name am Satzende, schmeichelte er sich bei dem Angesprochenen sanft ein und warb für den Inhalt des Gesagten. Fragen verstärkten diesen Effekt, weil sich dabei die letzte Silbe dem anderen entgegen hob, man sich praktisch selbst auf dem silbernen

Tablett serviert bekam. Da nicht nur Carlotta, sondern auch ihre Kollegen dieser Methode folgten, konnte Zufall ausgeschlossen werden. Die Sache hatte Prinzip.

Tom schwieg zunächst und sagte dann: »Carla, was würde ich ohne dich machen?«. Er lernte schnell, schneller als er selbst auf jeden Fall.

»Habt ihr noch Elan?« Carlotta blätterte ungerührt in Unterlagen auf ihrem Schoß. Ein zweites Objekt ließe sich besichtigen, kein großer Umweg.

Marquard war dafür, Tom und Heike stimmten auch zu.

»Was sollen wir schließlich zu Hause«, sagte Tom.

Als sie durch das Land fuhren, das auf seine Seen zuwellte, meinte Heike: »Im Lehrerzimmer erzählen sie, so sieht Ostpreußen aus.«

Sie erreichten gerade die Kuppe eines Hügels. In der Senke vor ihnen lag der Himmel auf dem See, der ihn dunkel zurückwarf. Eine Leiter bog sich vom Rand ins Wasser und wartete auf einen Sommer, wie ihn die Mutter oft beschrieben hatte. Ostpreußen, Masuren, ihre Heimat, die einsame Landschaft mit ihren Seen, das Schwimmen, im Winter das Eislaufen, eine Kindheit und wohl jäh beendete Jugend lang.

»Ein Landgut ist es nicht«, befand Tom, als er die Kate sah.

»Muss es ja auch nicht.« Heikes Satz so beiläufig, fast zu überhören.

»Ich bin ja Städter«, warf Tom ein. »Quanta costa?«, und als Carlotta sechzigtausend sagte, erwiderte Tom, »Preise, nicht von Scham diktiert.« Lara zog ihren Vater weg.

Ohne Tom wäre die Tour nur die Hälfte wert, dachte Marquard und wunderte sich, weswegen Heike und Carlotta darüber rätselten, wie viel sich wohl herunterhandeln ließe. »Gefällt es dir denn?«, fragte er Carlotta und dachte: hoffentlich nicht.

Statt Carlotta antwortete Heike: »Wenn ihr nur ein zweites Standbein in der Natur sucht, für verlängerte Wochenenden oder kurze Urlaube, warum nicht. Schöne Landschaft, beherrschbares Objekt.«

»Nein«, sagte er, ohne sich mit Carlotta abzusprechen, »ich will etwas für jedes Wochenende.« Das hatte er gar nicht gewusst.

»Was Größeres macht aber jede Menge Arbeit und ist teuer«, sagte Heike, und Carlotta sah sie an wie ein Kind, das ein wunderbares Geschenk bekommt.

Die beiden Frauen standen dicht beieinander. Hier spielte sich etwas ab, das ihm nicht gefiel. Heikes Lächeln war mit einem Zug unterfüttert, den er kannte und als Verachtung interpretierte. Verachtung für Toms Wünsche. Entwarf Heike eine Szenerie, konnten noch so viele Konjunktive in die Beschreibung eingeflochten sein, Tom würde in die Kulisse taumeln, dirigiert von unsichtbaren Fäden. Wahrscheinlich hatte er seine Wünsche schon vergessen. Ob Heikes abschätzige Haltung alle Männer betraf? Ob sie abfärbte auf Carlotta? Oder abgefärbt hatte?

Die Sache mit den Affen behielt ihn im Griff. Cordula Teichmanns Mail am Jahresende störte immer wieder seinen Schlaf. Womöglich ging es daran, den Offenbarungseid zu leisten, gegenüber Carlotta, den Eltern. Er nahm sich vor, eisern zu schweigen, solange es ging. Das für ein Schweigegelübde risikoreiche Weihnachten hatte wenigstens schon einmal vorbeiziehen dürfen, dank der Absage der Eltern. Sie hatten mehr Einsicht gezeigt als Carlotta.

Jetzt stand Jens vor ihm und sagte: »Stell dir vor, sogar für unsere Versuche keine Ausnahme bei den Hominiden.« Unfassbar für Jens als Chef der Nachbarabteilung, auch für ihn selbst erschreckend. Das Team forschte an einem Medikament zur Stärkung der Libido. Die Tiere bekamen lediglich einen Stoff ins Fressen und wurden in ihrem Sexualverhalten beobachtet, es gab schlechtere Lebenssituationen. Jens hatte gehofft, er bekäme eine Ausnahmegenehmigung für große Menschenaffen, aber der Vorstand hatte abgelehnt: Keine Ausnahmen.

»Das können wir mit den kleinen Affen nicht kompensieren, die sind nicht nah genug an uns dran. Und mit Karnickeln können wir ein Potenzmittel ja auch schlecht testen.«

Wenn der Vorstand bereit war, sich einen Milliardenmarkt entgehen zu lassen, musste dahinter eine ernsthafte Befürchtung stehen. »Was jetzt?«

»Jetzt ist Mutter Natur dran, wenn Papa schlapp macht. Erinnerst du dich an die Untersuchungen der Verhaltensbiologen? Funkt es nicht mehr, setz einen dritten Affen in den Käfig, dann geht wieder was. Das empfehlen wir den Leuten dann, machen sie ja sowieso. Oder der Vorstand gibt die Menschen für ein nicht hinreichend erprobtes Medikament zum Abschuss frei, einschließlich aller Nebenwirkungen. Ist doch alles…«, er trat gegen den Papierkorb. Beim Hinausgehen hielt er die Hand wie eine Pistole an die Schläfe und drückte ab.

Marquard ahmte in den stillen Raum hinein ein Schussgeräusch nach.

Carlotta schnitt Anzeigen aus. Sie schlug nur noch Objekte vor, die größer waren als ein Wochenendhäuschen, sich aber am unteren Rand dessen bewegten, was als Haus durchging. Zusammen fuhren sie in einen Ort, dessen Namen sie im Verzeichnis des Falk-Plans hatten nachschlagen müssen. Ihre Schuhe balancierten auf frostharten Treckerspuren, zwischen denen Stoppel die krustige Schneedecke durchstachen, als schnappten sie nach Luft. Sie schauten von Obstbäumen auf eine Tankstelle, hörten an einem Waldgrundstück die Autobahn rauschen. Nun standen sie unter einem Dach, dessen Holz vor sich hin bröselte wie ein fest gewordener Schwamm, den man zwischen den Fingern zerreibt.

»Ob wir doch nach einer Eigentumswohnung in Berlin sehen?« Carlotta wischte die restlichen Holzfasern mit einem Taschentuch ab. »Oder nach einem Grundstück am Stadtrand?«

»Wieso das?«

»Wir versenken in diese Bruchbuden ein Vermögen. Verstehst du das, Marquard?«

Ja, er verstand. Vor allem verstand er, wie leicht es ihr fiel, das gemeinsame Projekt aufzugeben.

»Was meinst du?«

Er wunderte sich, dass sie nicht »Marquard« anhängte.

»Es muss etwas passieren, aber es passiert nichts.« Ihr Ton undurchsichtig.

Wenn er jetzt ja sagte, wäre es auch wieder nicht richtig.

»Etwas Neues, einfach etwas Neues, Marquard. Und etwas Gemeinsames.«

Das konnte er unterstreichen, allerdings vermutete er, Carlotta verstand unter Gemeinsamkeit, dass er sich wie ein junger Hund am Nackenfell packen ließ. Er hatte gehofft, bei dem Haus, da träfen sich ihre Wünsche. Der doppelte Wunsch, sie beide wieder zu verbinden, um ihrem Wunsch nach ihm, seinem nach ihr aufzuhelfen.

Aber sie standen in dem verwurmten Dachstuhl eines märkischen Bauernhauses, in dem der Makler zwei weitere Interessenten herumführte, und waren sich uneins.

»Komm«, sagte er, »wir fahren weiter.«

Eine Stunde später hielten sie vor einem Haus, zu dessen Eingang drei Stufen führten, die sich nach oben hin verjüngten. Marquard betrat die erste Stufe und dachte, das Haus breitet die Arme aus.

»Hier«, sagte Carlotta und meinte den Klingelknopf, den kahle Rosenzweige fast verdeckten. »Pass auf, dass du nicht hängenbleibst.«

Vielleicht bin ich das schon, dachte Marquard.

Es öffnete der Makler, er lief auf Strümpfen. Die Eigentümer seien in der Stube.

Marquard zögerte, ob er die Schuhe ausziehen oder das zumindest anbieten sollte, was aber gönnerhaft daherkommen konnte. Außerdem stand er schon im Flur.

Hinter ihm fragte Carlotta: »Schuhe aus?«

»Lassen Sie mal«, sagte der Makler nach einem Blick auf Marquards Schuhe.

Im langen Flur erhaltene schwarz-weiße Fliesen, an der Decke Kassetten aus Holzimitat. Fenster mit alten Holzgriffen, auf manchen Türen Sperrholzplatten.

»Baumaterial war knapp bei uns«, der Makler öffnete die Badezimmertür. Drei Sorten Fliesen, ein Boiler an der Wand, auf den braunen Boden stieß ein Duschvorhang aus rosa Plastik.

»Da ist richtig was zu tun. Alles im Grunde.«

Marquard wollte Carlottas Bemerkung so verstehen, dass es schon daranging, den Preis zu verhandeln. »Hier aber auch«, warf er deshalb in die Debatte, als sie in der Küche standen. In einer Ecke hing ein einsames Metallbecken, es hatte die Form eines Urinals. Damit erschöpfte sich der Wasseranschluss in der Küche. Die Eigentümer im Alter seiner Eltern hielten sich ängstlich zurück, die Frau strickte vor sich hin, ohne aufzuschauen. Lediglich, als Carlotta fragte, ob sie das Linoleum anheben dürfe, reagierte der Mann mit »Bitte«, was aber klang wie nein. Zum Vorschein kamen breite, vollständig erhaltene Dielen.

Mit einem zu beiläufigen »Schön«, bewertete Carlotta die Aussicht hinter dem Haus.

Marquard sah sie von der Seite an und fragte sich, ob auch diese matte Bewertung taktischer Natur war. Vor ihnen staffelten sich Gärten, die in Wiesen übergingen, abgegrenzt nur durch morsche Latten. Das gelbliche Grün der Weideflächen wellte sich, bis der Wald es dunkel begrenzte. Wie traumhaft musste es hier erst aussehen, wenn die Bäume ausschlugen. Die Entscheidung fiel. Marquard wollte das Haus.

Der Eigentümer reichte ihm sein Fernglas. Marquard hielt es vor die Augen, kippte es, weil er meinte, er habe eine Bewegung wahrgenommen. Tatsächlich, braunes Fell, direkt hinter dem Grundstück.

»Zwei Rehe«, hörte Marquard sich sagen, »Guck mal«. Er reichte das Fernglas Carlotta und sagte an den Eigentümer gewandt, »die haben Sie wohl beim Fremdenverkehrsverein bestellt.« Carlotta legte das Fernglas zur Seite. In ihren Augen stand: kein Verhandlungsgeschick.

Vier Wochen später protokollierte ein Notar den Kauf eines anderen Hauses. Marquard schaute auf sein Exemplar des Kaufvertrages und fragte sich, was er hier tat. Dabei sollte er zufrieden sein, dass Carlotta und er einen Kompromiss gefunden hatten, aber die Freude hätte größer sein können. Wobei Carlotta gute Argumente auf ihrer Seite hatte, die gegen das große Haus sprachen. Sie hatte nach der Besichtigung vorgerechnet, wie viel Geld das Objekt verschlingen würde. »Für ein Wochenendhaus, Marquard.« Das keines sein soll, war ihm durch den Kopf gegangen, eine Wahrheit, die neben ihrer stand. Ihnen beiden gefiel der Ort, deshalb hatte Carlotta in der Nachbarschaft herumgefragt und das Haus gefunden, das nun im Kaufvertrag aufgeführt war. Es war klein und wirkte wie an die Erde gedrückt. Auch der Garten maß nur die Hälfte. Der Blick war in Ordnung, wenn auch nicht spektakulär wie aus dem anderen Haus. Er hatte sich hinter die Entscheidung gestellt, sie war ja vernünftig, bevor er bei einer zweiten Besichtigung spürte, er näherte sich dem Haus ungern. Im Vorgarten ragten, wie bei den Eltern, Friedhofsgewächse hoch. Sie verkahlten von unten und hießen Lebensbaum. Kriechwacholder begrub die Fläche komplett unter sich. Eine Rose würde im Frühjahr so tapfer wie vergeblich gegen die toten Lebensbäume anblühen.

Aber da war es zu spät, die Entscheidung zu kippen.

Der Notar las aus einer verstaubten Welt einschläfernd vor, begonnen mit »Erschienen sind vor dem Notar« und ihren Namen, als wüssten sie weder, wo sie seien, noch, wer sie waren. Sie wurden mit Nummern aus Registern gelähmt, mit einem Kauderwelsch zu Hypotheken und Löschungsmodalitäten überrollt. Eine ins Surreale changierende Situation. Passend.

Wie die angrenzenden Grundstücke bezeichnet waren, an denen sie Nachbarrechte hatten, rüttelte ihn an den Verhandlungstisch zurück. »Bergmaten«, »Sauerstücke«, das sprach von einem fremden Vokabular, einer neuen Sprache. Auf Blättern, die ihnen der Notar zuschob, fanden sich Eintragungen in Sütterlin, sie hatten der Pfarre des Dorfes pro Jahr einige Scheffel Roggen zu liefern. Der Notar kündigte an, den Eintrag wegen Gegenstandslosigkeit zur Löschung bringen zu wollen. Was für eine Sprache, dachte Marquard und fragte sich, wie viel Rauminhalt ein Scheffel umfasste und wo auf dem kleinen Grundstück Mengen von was auch immer erwirtschaftet werden konnten. Carlotta machte sich zwischendurch Notizen und stellte dem Notar ein paar Fragen. Als die Unterschriften geleistet waren, gaben sich die Verkäufer die Hand. Er schob den Papierkram Carlotta zu, die alles in ihrer Aktentasche verstaute.

Was wollte Berger am frühen Morgen von ihm? Wie er schon reinkam, vollkommen anders als sonst. Den Kopf eingezogen, die Arme runterhängend, statt raumgreifend mit ihnen nach vorne zu boxen. Als wollte er sich klein machen, besser ganz verschwinden.

»Hallo Chef.«

»Morgen. Was gibt es?«

Berger sank unaufgefordert auf einen Stuhl.

»Also?« Marquard wollte ins Labor, prüfen, ob das neue Protein im Hirn der Nager angekommen war.

Berger neigte den Kopf leicht zur Seite, große Augen, der Blick bettelnd. Jetzt setzte er ein unsicheres Lächeln auf.

»Also, was gibt es?«, fragte Marquard wieder.

»Chef, es ist was passiert, Chef.«

»Was?« Wenn Berger so daherkam, war Schlimmes zu befürchten.

»Die Proben, Chef.«

»Herrgott Berger, was haben Sie mir zu sagen?«

»Das Protein, Chef. Es ist in den Schweinehirnen nicht zu finden.«

»Das kann nicht sein. Wir haben es schon nachgewiesen. Die Wiederholungstests sind reine Routine.«

»Es ist nicht zu finden, Chef.«

»Berger, Sie hören jetzt auf mit diesem ›Chef‹ und erklären mir sofort, was sich hier abspielt.«

»Verunreinigungen. Mit Blut.«

»Das ist jetzt nicht wahr. Blut muss sauber entfernt werden, wie oft hab ich das angemahnt, Berger. Sie wissen doch, Hämoglobin ähnelt optisch dem gesuchten Stoff zu stark.« Der ganze Versuch ruiniert, die vielen Gehirne, alles von vorn. Und Klöppers hämischer Blick.

»Ja, ich weiß.«

»Dann richten Sie sich auch danach.«

»Aber die neuen Geräte …«

»Sparen Sie sich ihre Ausreden. Und jetzt lassen Sie mich arbeiten, damit hier wenigstens einer was leistet.« Kaum war Berger aus dem Raum, riss Marquard den Hörer von der Gabel und rief die Ziegenkranz an. »Erst Mist produzieren«, presste er heraus. »Und dann noch Berger vorschicken. Auf niemanden ist Verlass.«

»Was ist denn mit Ihnen los?«, gab die Ziegenkranz zurück. »So was passiert doch schon mal.«

Heike holte Carlotta ab, sie wollten ein paar Sachen für das kommende Kind kaufen.

Fußball verschluckt, so sah Heike inzwischen aus. Er fühlte sich schuldlos an dem Gedanken, konnte sich schlicht gegen das Bild nicht wehren, nur mit dem Äußern war es so eine Sache. Heikes Gang hatte sich in den letzten Monaten ebenfalls verändert, sie schwankte bei jedem Schritt zur Seite, was dem Gang etwas Watschelndes gab. Viele Frauen, die ein Kind bekamen, liefen so, sei es, um damit zum Ausdruck zu bringen, wie beschwerlich die Angelegenheit war, sei es, dass die Natur zu dieser Form von Bewegung zwang.

Jedenfalls ließ sich Heike für einen schnellen Kaffee auf einen Balkonstuhl fallen, stöhnte, dass der April in diesem Jahr so warm sei, und fragte, ob Carlotta sie nachher in ein Küchenstudio begleite. »Wir haben etwas Passendes gefunden.«

»Wie?«, fragte Carlotta.

»Wir haben eine Doppelhaushälfte in Kleinmachnow gekauft.«

»Was?« Ihm war entgangen, dass Dreulings überhaupt gesucht hätten.

Alles sei schnell gegangen, sie habe eine Vorauswahl getroffen und dann Tom ins Boot geholt.

Schiff ahoi dem Städter, dachte Marquard. Beileid zum Kurs auf Kleinmachnow. Um sich in einen Ort hineinzustürzen, in dem die Hälfte der Grundstücke als sogenannte Westgrundstücke umkämpft waren, musste man hartgesotten sein, eine Eigenschaft, die auf Heike Dreuling unzweifelhaft zutraf. Tom hing in ihrem Schlepptau.

Marquard wunderte sich über Heike, der offenbar

nicht im Geringsten peinlich war, wie sie Tom manipulierte, um ihr Leben durchzudrücken. Sie breitete auf Carlottas Nachfrage hin sogar ungeschminkt ihre Tricks aus, das Wort »diplomatisch« fiel, Carlotta sprach es aus und Heike kommentierte mit einem an die Freundin gerichteten schelmischen: »Verrat doch nicht alles, Carla.«

Nachdem die Frauen weg waren, rief er Tom an, ein Zeichen gelebter Solidarität. Der Name Kleinmachnow fiel nicht, niemand erwähnte das Küchenstudio. Ihr Thema: Sport, wie so häufig.

»Es wird ein Sohn«, sagte Tom unvermittelt am Schluss des Gesprächs.

»Freut mich für dich«, antwortete er, bevor sie sich verabschiedeten. Es freute ihn wirklich für Tom, weil er überzeugt war, alle Frauen wollten eine Tochter, alle Männer einen Sohn, auch wenn Stolz und fremde Maßstäbe dies manchmal verdeckten. Bei Babys mochte das Geschlecht unwichtiger sein, aber wenn das Interesse für Fußball, das Hantieren mit Stöcken auf der einen Seite, die Gier auf Nagellack oder hohe Hacken auf der anderen Seite einsetzte, schob sich die Neigung in eine Richtung. Für die Mutter und Rosalie konnte er das bezeugen. Beim Vater und ihm war etwas schief gegangen. Jedenfalls würde das Zuschauen die kleine Lara jetzt begleiten, so wie es ihn begleitet hatte nach Rosalies Geburt.

In der Stille zwischen Carlotta und ihm war das Geräusch des Blinkers lauter zu hören als sonst. Zehn Minuten, seit sie bei Dreulings aufgebrochen waren. Er öffnete das Seitenfenster, um die warme Juni-Luft zwischen sie beide zu lassen. Gleich erwartete sie ihr Zuhause, ohne das Geschrei des neugeborenen Jan, ohne seine schmatzenden Sauggeräusche, ohne dunkle Flecken auf Blusen, ohne eine absorbierte Frau, ohne einen alt wirkenden Tom. Eine Mutter, ein Vater, ein Kind, eigentlich war das völlig normal, man wurde geboren, gestillt, wuchs heran, bekam Kinder und irgendwann starb man. So war das Leben, ohne diesen Kreislauf gäbe es sie alle nicht. Er wusste das, aber er konnte es nicht empfinden.

Carlotta sah zum anderen Fenster hinaus. Er würde die sperrige Gefühlslage aussitzen, es waren nur wenige Minuten bis zur Handjerystraße zu überstehen. Vor dem Haus ein freier Parkplatz, der Zufall kam ihm entgegen. Er parkte zügig ein, machte mit zackigen Bewegungen deutlich, er habe etwas anderes zu tun als zu reden. Sie stiegen aus, die Schlösser der Wagentüren verriegelten sich auf Knopfdruck, Marquard überprüfte an der Fahrerseite, ob sie wirklich verschlossen waren, was ihm sonst nicht in den Sinn gekommen wäre. Er klopfte seine Jeans nach dem Hausschlüssel ab, Carlotta kam ihm zuvor und schloss auf.

In der Diele hatte Carlotta gewonnen, so ging es nicht weiter, er musste etwas sagen. »Hast du was?«

»Was soll ich haben?«

»Das frag ich ja gerade.«

In der Küche beugte sie den Kopf, um unter dem Türholm zur Speisekammer durchzutauchen, erschien wieder und hielt eine Flasche Whiskey in der Hand. Ungewöhnlich. »Auch einen?« Sie hob die Flasche, hielt sie seitlich vom Körper, als holte sie aus.

Carlotta goss ein. Die Küche roch nach gutem Malt. Er mochte dieses torfige Aroma, verband es mit Entspannung. Probehalber führte er das Glas an die Nase, war versucht, sie hineinzusenken, um den Geruch einzuatmen und mit ihm die dazugehörigen Emotionen. Er hörte damit auf, weil ihm durch den Kopf schoss, die genießerische Geste könnte unpassend sein.

Carlotta nahm einen großen Schluck. »Marquard, hast du keine Idee?«

Diese Art zu fragen war ihm zuwider. Wie die Grenzer der DDR, die nicht den Fehler monierten, sondern den Westler auf die Suche danach schickten. »Wie oft waren Sie schon in der DDR?« »Sind Sie mit den Verkehrsregeln vertraut?« Und es stellte sich heraus, im Grenzbereich war mit Standlicht zu fahren.

»Weißt du, Marquard, ich brauch kein Kind, aber ich hätte gebraucht, dass du mich einmal ernsthaft auf das Thema angesprochen hättest. Das Einzige, woran ich mich erinnere, ist die Frage: ›Carlotta, muss das sein?‹.«

Er trank jetzt auch, primär, um etwas zu tun. Der Whiskey brannte in seinem Mund, hinter dem Zäpfchen, ob er eine Erkältung bekam? Er hustete. »Was willst du denn noch, als dass ich dich offen frage?«

»Marquard, du verstehst nichts.«

»Erklär es mir«, sagte er.

Die Zeit, hörte er, habe für eine Frau eine andere Bedeutung als für einen Mann. »Die biologische Uhr«, Carlotta imitierte ein Tick-Tack-Geräusch und bewegte einen Finger hin und her. Sie sprach über Zeitfenster, die sich schlossen, endgültig, für sie jedenfalls. »Verstehst du das, Marquard?« Er stand in der Ecke wie ein Schüler, der den Unterricht gestört hatte. »Ich hätte mir gewünscht, du wärst ein paar Schritte in meinen Schuhen gegangen.«

»Es tut mir leid«, sagte er, obgleich er nicht konkretisieren konnte, was ihm leidtun sollte. Allenfalls Carlottas Gekränktheit, die mit ihm zu tun hatte, könnte er bedauern.

»Was tut dir leid, wenn ich fragen darf?«

»Lass mich was sagen«, begann er, als räumte sie ihm diese Möglichkeit sonst nicht ein. »Zuerst habe ich gedacht, die Sache ist geklärt, und falls du eine Änderung willst, wirst du es mir sagen. Und als Dreulings das zweite Kind angekündigt haben, dachte ich, hoffentlich fängt sie jetzt nicht noch damit an.«

»Fragen, Marquard, nur fragen, das hätte ich mir gewünscht.«

»Mit der Fragerei fängt es an, damit kommt alles in Bewegung, hab ich gedacht.«

»So, hast du gedacht. Na ja, du kannst dich natürlich entspannt zurücklegen.«

»Wieso?« Er wusste wieso.

»Weil du dich immer noch umentscheiden kannst.«

»Hör doch auf.«

»Mit einer anderen Frau.«

»Musst du eigentlich immer bohren?« Er schob das Whiskeyglas auf den Tisch. Es schabte über das Holz.

»Ja, wenn ich dich überhaupt erreichen will.«

»Bohren ist ungeeignet.«

Für den Satz, dass er keine andere Frau wolle, war jetzt kein Raum mehr.

Etwas stimmte mit Runge nicht. Er fragte schon wieder: »Kann ich morgen nochmal frei machen, Chef? Ich arbeite das in der nächsten Woche nach.« Das zweite Mal in diesem Monat.

Marquard unterließ jede Nachfrage, fügte seinem »Ja« auch keine gallige Bemerkung hinzu, nur ein »in Ordnung.«

Runge stand unschlüssig im Raum, offenbar überrascht wegen der unkompliziert erteilten Erlaubnis. Dabei wusste er, das Team vermochte ihn morgen leicht zu ersetzen. Sandra oder Berger konnten die Tiere holen, Runge war am Ablauf als solchem nicht beteiligt. Ob Runge spürte, dass Marquard sich an etwas stieß? Tatsächlich machte ihn misstrauisch, dass Runges Bitte jede Begründung fehlte: Familienfeier, langes Wochenende in XY, was auch immer. Eine einmalige Auszeit bedurfte keiner Erklärung, eine zweite innerhalb kurzer Zeit doch.

Aus einem Gefühl heraus bat er Runge, sich zu setzen. »Etwas anderes, mich lässt die Sache mit den Affen nicht ruhen.«

Runge sah an sich herab, woraus sich nichts schließen ließ, auch wenn Marquard noch so gern rückgeschlossen hätte. Runge sah zu häufig nach unten, nach unten oder ins Leere, als hinge etwas im Rücken seines Gegenübers, das er so angespannt betrachtete, dass Marquard sich manchmal fast umgeschaut hätte. Marquard dachte an die Gerüchte in der Firma über »die aus dem Osten«, die nur deshalb übernommen worden seien, weil sie zuvor dem System DDR treu gedient hätten. Aber er konnte Runge ja schlecht nach alten Seilschaften fragen.

»Tja, die Affen, schlimme Sache«, äußerte Runge in Richtung seiner Hände, und Marquard hatte das Gefühl, Runge habe direkt auf seinen Solarplexus gezielt.

»Herr Runge, wenn Sie etwas wissen oder hören, ich wäre Ihnen für jede Information außerordentlich dankbar. Das gesamte Team wäre es«, fügte er in Sandra-Art hinzu.

Wider Erwarten wies Runge nichts zurück, sondern nickte, aber in einer sehr kleinen Bewegung.

»Weihen Sie mich ein.« Marquard reichte Runge die Hand, der sie wortlos drückte. Mehr war im Moment nicht zu tun.

Neubeginn

Er wurde wach und wusste nicht, wo er sich befand. Sein Rücken schmerzte, ungewohnt. Im Osten. Mehr fiel ihm nicht ein. Neben ihm lag Carlotta mit offenen Augen, deutete auf die dreigeteilte Matratze unter ihnen, die im Schachbrettmuster verlegte Decke über ihnen und sagte: »Oh Mann«.

Feindesland, durchlief es ihn beim Blick aus dem Fenster, obwohl draußen niemand zu sehen war, schon gar kein Feind. Hinter ihm quietschten die Metallfedern des Betts, Carlotta stöhnte beim Aufstehen. Sie stellte sich neben ihn und legte ihren Arm um seine Schulter, eine Geste, die er immer gemocht hatte. Die hatte früher zu ihnen gehört und machte sie über das Liebespaar hinaus zu Kameraden. »Oh Mann«, sagte Carlotta wieder, so dass er überrascht dachte, sie will sich jetzt an mir festhalten.

Im Hof lehnte sich eine hüfthohe Rose an den schwarzbraunen Holzschuppen, der schon bei der Besichtigung die Atmosphäre verdüstert hatte. Altöl, so hatte der vorherige Eigentümer mit entwaffnender Offenheit die Farbe erklärt. Die Rose blieb vom Gift eigenartigerweise unbeeindruckt, eine gute Adaptionsleistung. Neben dem Ölschuppen öffnete sich ein Sichtschacht in die Tiefe des Grundstücks. Ein Windstoß gestaltete das Kornfeld am Horizont zu einem sich dauernd verändernden Relief um.

Marquard verließ im Schlafanzug das Haus und lief auf die Rose zu. Versteckt auf der anderen Seite des Schuppens – eine Hortensie. Wenigstens keine blaue. Er drückte Marias Namen weg. Die Blüten der Rose bildeten Kelche, Likörschalen aus einem Zwergenland, in der Mitte ein gelber Punkt, wie ein Rest von Eierlikör. Er brach einen Stiel ab.

Das Holz des Schuppens verbreitete in der Sonne einen giftigen Geruch. Ein Käfer kam angeflogen und setzte sich auf das dunkle Holz. Er kroch herum und fiel rücklings zu Boden. Marquard trat näher. Schon jetzt am Morgen bildeten sich Ölbläschen auf den Brettern. Ein Funke und alles stand in Flammen. An jeder Ecke warteten Entscheidungen, Abreißen, rausreißen, restaurieren, belassen. Das war das Schwierigste zu unterscheiden, was weg musste und was bleiben konnte. Hier war die Entscheidung eindeutig.

Er umfasste mit beiden Händen die Rosen und hielt sie so Carlotta hin.

»Oh, Marquard.« Sie drückte ihm einen Kuss auf den Mund.

Kinderkuss, dachte Marquard. Carlotta war auf der Suche nach einem Gefäß für die Blumen.

»Was machen wir als erstes?« Im Fragen entfaltete Carlotta einen Zettel, offenbar gefüllt mit dem, was erledigt werden musste. Sie fischte aus der Reisetasche das Kleid, dessen Blau zum Himmel passte, und das auf den Schultern nur von zwei dünnen Trägern gehalten wurde. Sie trug keinen BH, nur einen Slip, der auch überflüssig war, wie er fand. An ihren Ohren, klein und rund wie Ostseemuscheln, hingen rote Perlen. Als sie den Riemen ihrer Sandale hochstreifte, rutschte ihr ein Träger in die Beuge des Ellenbogens. Er hätte der Schwerkraft gern geholfen, Carlotta wieder aus dem Kleid geschält, allen

Gedanken den Platz genommen. Schon stand Carlotta am Ausgang, die Füße in den Sandalen, der Träger artig auf der Schulter zurück. Sie verließen das Haus, das er abschloss, obwohl es hier nichts zu stehlen gab.

An das Kleid dachte er erst wieder, als sie im Elektrogeschäft standen und die Frau Carlottas Busenansatz musterte, als schüttelte sie den Kopf über die verrückten Wessis, die nicht alt werden wollten. Carlotta diktierte ihre Wünsche: »Kein Gefrierfach, lieber mehr Platz zum Kühlen. Einen Gefrierschrank schaffen wir später an.«

»Ham wa nich«, sagte die Frau, »nur mit Frostfach.«

»Na dann«, Carlotta steckte ihren Zettel weg.

»Lieferung übermorgen«, sagte die Frau an ihn gewandt mit einem Ton, der besagte: Auch für euch geht es nicht schneller.

»Das ist schlecht«, sagte er, »es sind jetzt schon fast dreißig Grad.«

Carlotta sah ihn forschend an und fragte stumm nach Alternativen, die er nicht aufzeigen konnte. »Wir kriegen das hin«, sagte sie zu der Frau und setzte ein Mädchenlächeln auf, »arbeiten können wir.«

Für ihn ein sinnloser Satz, sie konnten ja schlecht den Kühlschrank vier Kilometer weit tragen.

»Wir messen mal aus, ob er in den Kofferraum geht. Haben Sie einen Zollstock?«

Die Frau nickte.

Marquard, wäre gern eingeschritten, hätte gern gesagt, das ist doch Blödsinn, der passt da nicht rein, aber er folgte Carlotta zum Wagen und maß aus.

»Geht nicht«, sagte er und kam sich dumm vor.

»Dass der so klein ist, hätte ich nicht gedacht.« Die

Frau sah in den leeren Kofferraum des Westwagens und klang enttäuscht.

»Wir würden hier den Gepäckträger brauchen, aber der ist in Berlin.« Carlotta wirkte ratlos.

»Soll ich ihn holen?« Eine andere Möglichkeit sah er nicht.

»Extra nach Berlin?« Für die Frau musste er Welten durchqueren. »Warten Sie mal.« Sie drückte auf die Klingel beim Nachbarn, öffnete in den blechernen Ton hinein die unverschlossene Haustür.

»In einer Stunde«, sagte sie, als sie zurückkam, »der Nachbar hat einen Hänger. Zehn D-Mark. Aber in den Hänger packen und ausladen müssen Sie selbst.«

»Kein Problem«, sagte er und Carlotta ergänzte: »Arbeiten können wir, hab ich ja gesagt.«

»Na also«, kommentierte Carlotta, als sie wieder im Auto saßen.

Carlotta war der Meinung, sie müssten sich bei den Nachbarn vorstellen. Er hatte keine Lust vorzutanzen. Carlotta beharrte, man stempele sie ohnehin als Wessis ab, schon wegen des BMW. »Marquard, du verstehst das nicht. Das negative Bild von uns müssen wir weichzeichnen.«

Er war sich nicht sicher, ob er als Weichzeichner geeignet war. »Also meinetwegen, dann gehen wir rüber, wenn der Kühlschrank geliefert ist. Bin draußen im Garten.« Der Zeitgewinn war den Konflikt nicht wert.

Im Hof traf er noch eine Entscheidung. Die Lampe, die gestern Abend kalt geleuchtet hatte, würde er abmontieren. Sie hätte von der innerdeutschen Befestigungsanlage stammen können. Es war Sommer, es war lange hell und zur Nacht konnten sie sich mit Kerzenlicht behelfen.

Konnten die Gartenstühle bleiben? Kein Lack auf dem Holz, es war rissig, aber der Klappmechanismus des eisernen Gestänges funktionierte und der Rost war leicht zu entfernen. Wahrscheinlich sollte er das Holz radikal herunterreißen. Spachteln und Überlackieren war nur Kosmetik.

Er rutschte weit nach vorn auf die Stuhlkante, streckte die Beine vom Körper weg. Den Kopf im Nacken, sah er in die Krone des Apfelbaums, bis der rechte Arm einschlief. Wann waren wohl die Äpfel reif, die jetzt so groß wie Tischtennisbälle waren. Selbstgeerntete Äpfel, die hatte es im Garten seiner Kindheit nie gegeben. Die Doppelhaushälfte der Eltern stand auf zu kleinem Grund für einen Apfelbaum. Auch sonst warf der Garten nichts zum Naschen ab. Zehn Himbeersträucher riss der Vater nach kurzer Zeit heraus. Angeblich holten sich die Vögel alle Beeren. Wie die Wurzeln der Sträucher zitternd in der Luft hingen, als der Vater sie mit einem Ruck aus dem Boden zerrte, es war ein Bild, das geblieben war.

Leider waren die Möglichkeiten dieses Gartens auch begrenzt. Wenn der ölgetränkte Schuppen abgerissen war, entstünde hier wenigstens ein geschützter Sitzplatz. Südwesten, eine gute Stelle für kühlere Tage oder den späten Abend. Dort konnte Rotwein im Glas atmen, es duftete nach Kaffee und Carlotta goss Milch in die schwarze Flüssigkeit, bis sie der Farbe ihrer Arme entsprach.

Träume, dachte er, verwirklichen sich nicht von allein, wenn überhaupt. Er stand auf und verließ den

Platz unter dem Apfelbaum, bahnte sich den Weg durch das kniehohe Unkraut zurück und begann, die sprießenden Unkrautkerzen aus dem Boden zu ziehen.

Marquard wusch sich, klopfte die weißen Pollen von Hemd und Hose und verließ mit Carlotta das Haus. Sie klingelten bei den Nachbarn linker Hand, modern vergrößerte Fenster in grauem Putz, »Brückwald« flüsterte Carlotta. Kaum war der Ton zu vernehmen, wurde geöffnet, als ob die Leute hinter der Tür auf sie gewartet hätten. Der Mann bat sie hinein, die Frau kam dazu, ein Ehepaar, deutlich älter als sie. Marquard hielt hier alle für älter, als sie wohl waren. Die Sonne, die Arbeit hatte den Menschen mehr Jahre ins Gesicht gekerbt, als vermutlich hinter ihnen lagen.

Ihre Nachbarn zeigten sich mit dem gesunden Halbwissen ausgestattet, wie es das Prinzip »Stille Post« gern hervorbrachte.

»Wir haben schon gehört, unsere neuen Nachbarn sind Ärzte und für Tabletten zuständig.«

»Tabletten ja«, sagte Carlotta, offenbar, um die Leute nicht zu enttäuschen, »aber nicht Arzt, Biologe.«

»Schade«, kommentierte der Mann unverblümt, »einen Arzt kann man immer gebrauchen.«

Da konnte sich die Enttäuschung des Nachbarn mit der der Mutter zusammenschließen. Nur war ihre weit größer, als der Sohn ihr den Chirurgen verweigerte, den sie in ihm schon gesehen hatte, als er noch ein Kleinkind war.

»Ja«, sagte die Frau, »wir hatten uns schon jefreut jehabt.«

Und jetzt nicht mehr, dachte Marquard, dem die Situation zu gefallen begann. Einen Arzt kann man gebrauchen, dich aber nicht. »Ja«, er spürte, wie er übermütig wurde, »wirklich schade, aber vielleicht brauchen Sie ja gelegentlich ein paar Tabletten.«

»Kann sint«, meinte der Mann und die Frau nickte beifällig.

Carlottas Blick eiste ihn ein.

»Haben Sie auch Kinder?«

Marquard empfand die Wende im Gespräch als durchaus abrupt, aber auch das gefiel ihm, weil niemand sich genötigt sah, der Neugier einen goldverzierten Rahmen zu verpassen.

Als Marquard verneinte, listete der Mann seine Familie auf: Zwei Kinder und eine Schwiegertochter im Haus, ein Sohn in Leipzig. »Muss ja nicht sein mit Kindern«, meinte er, Marquard glaubte, Mitleid herauszuhören.

»Ich bin ebenfalls berufstätig«, flocht Carlotta dazwischen, was sie ungewohnt klein wirken ließ.

»Auch Arzt?«, fragte die Frau zu Marquards Begeisterung.

»Nein«, sagte Carlotta, »ich – ich glätte Konflikte, die es in Unternehmen gibt.«

»Na ja«, meinte der Mann, »dann auf gute Nachbarschaft.«

Die Frau von gegenüber hörte auf zu fegen, kaum hatten sie das Haus verlassen. Sie stütze sich auf den Straßenbesen, stemmte die freie Hand in die Seite. Ihr Haar bildete auf dem Kopf einen pflaumenkleinen Knoten, ein paar Strähnen hingen heraus. Die Kittelschürze glich einer Wiese aus Korbblütlern, mit deren Gelb sie schon im Studium experimentiert hatten. Frau

Waas, dachte Marquard beim Näherkommen, ich bin im Lieblingsbuch der Kindheit gelandet.

Während sie sich vorstellten, bewegte die Frau die Lippen, als spräche sie den Text mit. Kindlich wirkte das, jeder Blick auf sie selbst fehlte, Marquard dachte, es passt zum Kinderbuch.

»Berlin? Ich dachte, jetzt kommen die Bonner.« Aus ihr quoll ein milchwarmes Ziegenlachen. »Wegen das Kennzeichen.«

»B für Berlin und BN für Bonn«, erklärte Carlotta, aber da hatte sich die Frau schon mit einem »Kommt rin« umgedreht.

Im Wohnzimmer stand modriger Geruch. Die hexenhauskleinen Sprossenfenster sperrten den Julitag aus. Abgeschabtes Velours auf Sesseln, ein Lehnstuhl, dessen Polster sich unter Wolldecken versteckte, die Frau ließ sich hineinfallen. Sie angelte nach der Schnur einer Stehlampe. Die Fingerspitzen zeigten dunkle Kerben, wie Risse, aber die Haut war heil. Sie hieß Seide, eigentlich Seidel aber ein Standesbeamter habe das »l« geklaut – vor langer Zeit, »Un nu isset weg.« Marquard war froh darüber. Seide, ein Name wie erfunden, ein Name, dem für die Wirklichkeit etwas fehlte, ein L zum Beispiel. Es muss sich nicht immer alles der Wirklichkeit unterordnen, dachte er. Was für ein Dada-Satz. Die Seide besaß einen Durchlauferhitzer in der Küche, ein Plumpsklo im Hof, das genügte für ein Leben.

Sie wollten das Haus als Ausgleich zu den Berufen, zur Stadt, glaubte er erklären zu müssen. Ausgleich, ihm kam das eigenartig blutarm vor. »Mit den Händen arbeiten und sehen, was man geschafft hat«, dazu nickte die Seide.

»Die Arbeit wird nicht alle.«

Hat was für sich, dachte er.

Ob sie ganz herzögen, fragte die Frau auf dem Weg zum Tor. Auf sein »Nein, wir möchten pendeln«, von Carlotta abgefedert mit einem, »zunächst jedenfalls«, setzte die Seide dagegen: »Nachbarschaft ist wichtig. Ihr könnt euch Eier bei mir holen.« Sie schloss das Hoftor hinter ihnen ab.

Entrückt, so beschrieb er am zutreffendsten sein Berliner Leben nach vier Tagen Ressow. Er hatte mit Brückwald am Zaun über Ungräser gesprochen, der Nachbar nannte sie Peden und gab ihm Hinweise, wie sie am leichtesten aus den Sandböden zu entfernen waren, es gab nichts Wichtigeres auf der Welt.

In Berlin zurück war er in den Schlaf gefallen, als befände er sich irgendwo, nur eben nicht in seinem alten Leben.

Noch auf dem Weg ins Werk liefen ihm Gedanken durchs Gehirn, ohne an Erregungsrezeptoren anzudocken. Große Menschenaffen, das erzeugte wenig Druck, fast, als wäre die Bedeutung der Worte verloren gegangen. Blut-Hirn-Schranke, er versuchte es damit. Das alte Selbst kehrte langsam zurück und damit das Gefühl, dass eine kaum lösbare Aufgabe vor ihm lag. Mit ausgewählten Stoffen die Grenze zu durchdringen und sie gleichzeitig zu erhalten, schwerer konnte man es sich nicht machen. Der Triumph wäre allerdings umso größer, wenn es gelang.

Am Ende des Flurs stand Sandra und hob den rechten Daumen aus der Faust steil nach oben. »Mit den Kleinsäugern sind wir durch. Alles reproduzierbar. Ich hab die Proben für Sie im Labor.«

Mit ein paar raschen Schritten erreichte er Sandra, die für ihn öffnete. Er spürte sie in seinem Rücken, während er mehrere Proben unter dem Mikroskop prüfte. In jeder zeichnete sich die Substanz als Oberflächenabdruck wie ein dünner Metallfilm ab. Die Dopaminkonzentration war eindeutig erhöht. Sandra war äußerst fleißig gewesen. Sämtliche Proben zentrifugieren, die Membranen von Hand mit der Pipette abziehen, mit dem Schwermetall bedampfen, das kostete Zeit. Er konnte jetzt die neuen Tests mit den Schweinen planen.

Den Urlaub in Ressow verbringen, Carlotta und er waren sich einig darüber. Sie fuhren los mit den neuen Matratzen wie Kinder, die ein Zeltlager bezogen. Die Matratzen flatterten auf dem Autodach, als der Wagen auf die Stadtautobahn fuhr. Beschleunigte er, klang das Geräusch eines Hubschraubers über ihnen. Sie flogen, auf eine Zeit zu, in der alles nur existieren sollte.

Carlotta räumte die Einkäufe aus Berlin in den Kühlschrank. Die neuen Matratzen warfen sie auf den Boden, sie waren zu lang für das alte Bettgestell. Marquard zerlegte es in seine Einzelteile und brachte alles nach draußen. Carlotta schleppte den Spiegel aus dem Flur ins Schlafzimmer. Ihr Blick lief zum Fenster, wo keine Vorhänge hingen. Es war heller Mittag. Marquard kam zurück, Carlotta räumte gerade etwas in den Kleiderschrank. Er setzte sich auf den Stuhl in der Ecke, streckte die Hand nach ihr aus, bis sie zu ihm kam und sich in seinen Schritt stellte. Marquard fuhr ihr mit der Hand über den Rücken. Das blaue Sommerkleid war alles, was sie am Leib trug. Vorsichtig tastete er sich unter den Stoff, kletterte weiter, von den Knien hoch, an der Innenseite ihrer Beine entlang, so langsam wie möglich, fand, was er erhofft hatte, und vergrub seinen Kopf in ihrem Bauch. Sie beugte sich und legte den Mund auf sein Haar. Er stand auf, zog Carlotta mit sich, schleifte den Stuhl gleichzeitig hinter sich her, stellte ihn vor den Spiegel, neben Carlotta und sich. Mit einer schnellen Bewegung streifte er die Träger des Kleids von Carlottas Schulter, zog alles Verdeckende nach unten. Sie bot ihm den Mund, das war nicht genug. Nach ihm greifen sollte sie, sofort, nicht warten, dass er etwas tat. »Carlotta«, er führte ihre Hand an den Knopf seiner Jeans. Sie nestelte an ihm herum, er riss sich das Hemd über den Kopf, stieg aus der Hose mitsamt der Shorts, so schnell, dass er sich festhalten musste am Stuhl. Er setzte sich, wollte sie auf sich ziehen. Weich schob er ihr die Beine auseinander. Ihr Zögern sah er im Spiegel, mehr, als er es fühlte, sie nahm den Platz nicht ein, den er sich wünschte. Also verließ er den Stuhl, sofort, damit die Stimmung noch hielt, umfasste Carlotta sicherheitshalber und schwankte mit ihr zu den Matratzen. Das letzte, was er wahrnahm, war, wie sie die Augen schloss.

Marquard hatte einen Container bestellt, in den sie die Hinterlassenschaften der DDR-Wirtschaft entsorgten. Halbe Backsteine, Wellplatten, auf denen der Asbest-Verdacht lastete, gebrauchte Fenster mit Einfachverglasung, grober Kies, Plastikpaneele, hunderte Deckelgläser. All das und mehr wartete auf eine Zukunft, die es nicht mehr gab.

»Verfrüht«, antwortete Marquard. Er hatte Carlottas Worten entnommen, sie wolle ihre Eltern einladen, und riss ein loses Stück Tapete von der Küchenwand, das er vor Carlottas Gesicht hin und her schwenkte.

»Nicht sofort, in ein paar Wochen.«

»Immer noch viel zu früh.« Marquard drehte den Wasserhahn über der gusseisernen Spüle auf. Zu Recht hatte die gesamte Familie sich bislang ferngehalten, auf eine Einladung mussten sie noch warten. Sie empfänden Ressow fremder als die Berliner, angefangen damit, dass sie das O am Ende als OW aussprechen würden. Die primitiven Verhältnisse würden sie fassungslos machen. Sie kannten eben nicht mehr die ofenbeheizten Wohnungen, die gestapelten Briketts, die Klos auf der halben Treppe, die jedem Berliner, auch denen im Westteil, noch geläufig waren. Das Wort Abriss würde häufiger fallen, als es Marquard lieb wäre, vor allem aus dem Mund des Vaters. Die Selbsttäuschung, seine eigene Skala funktioniere weitgehend unabhängig von fremden Bewertungen, hatte er nach und nach aufgeben müssen. Zusätzlich empfand er Ressow als Ei, das eine zu dünne Hülle umgab, ihr fehlten Kalzit-Säulen, die sich dem Druck von außen entgegenstellten, einem Druck, der neben der Schale vielleicht auch die Schalmembran durchschlug und Keimen den Weg freimachte. Sie hatten in dem kleinen Haus ohnehin leichtes Spiel.

»Nein«, sagte Carlotta, »es ist mein Haus, so wie deins. Ich lade meine Eltern ein. Mach mit deinen, was du willst.«

»Du setzt dich über alles hinweg.« Er räumte die Reste des Frühstücks vom Tisch. Das Marmeladenglas hielt er fest und sah aus dem Fenster zum Container. Rote Soße auf glattem Metall. Das wäre was. Carlotta nahm ihm das Glas aus der Hand.

»Wenn du Probleme hast, erklär sie mir, statt die Stimmung zu verderben.« Sie stellte das Glas in den Kühlschrank.

»Mach doch einfach mal, was ich mir wünsche.« Er drehte sich weg und ging aus dem Haus.

Draußen wurde ihm klar, was ihn so aufgebracht hatte. Kamen die Schwiegereltern, wollten auch der Vater und die Mutter sich hier einmischen. Etwas, das es zu verhindern galt. Er musste allerdings zugeben, dass es seine Sache war, die Eltern hier fernzuhalten.

Es bringt nichts herumzustreiten, dachte er. Wir müssen uns arrangieren. Im Haus nahm er unbemerkt den Autoschlüssel von der Ablage im Flur, fuhr ins nächste Blumengeschäft und stellte ein Gebinde zusammen, von dem er hoffte, Carlotta fände nichts daran auszusetzen. Ton in Ton, das gefiel ihr meistens. Nein, keine Folie. Das wirkte zu pompös, auch kein vorgefertigter Strauß, der zu wenig widerspiegelte, er gab sich Mühe.

Als er das Grundstück wieder betrat, hätte er die Blumen am liebsten in den Müll geworfen. Er war mit sich nicht im Reinen. Zu demutsvoll erschien ihm die Verbeugung vor Carlottas Wünschen. Wenn sie ihn auch noch abwies, stand er da mit seinem Strauß, in einer Pfütze aus Wut und Scham, und fand den nächsten Schritt nicht mehr.

Carlotta kam ihm am Eingang entgegen, bemerkte in seiner Hand das zu einer Tüte gerollte Papier, das er nach unten hielt, wie um etwas wegzuschütten. »So schlimm?« Sie nahm ihm die Blumen aus der hängenden Hand, ein wenig bückte sie sich herunter, was wie ein angedeuteter Kniefall wirkte und die von ihm gezeigte Ergebenheit neutralisierte.

Sie ging mit den Blumen in die Küche, er holte eine Vase aus dem Schrank und hielt sie seiner Frau hin. »Die?«
»Nein, die flachere weiße.«
Carlotta schnitt an den Stängeln herum und er fand, das gesamte Arrangement hatte etwas von einer Trophäe, allerdings einer, die man schon oft erbeutet hatte, wodurch die Freude daran ermüdet war.
»Schön«, sagte sie jedoch versonnen, und das Wort Trophäe fiel in sich zusammen. Ihren keuschen, sandwarmen Kuss nahm er mehr entgegen, als dass er ihn erwiderte, damit sie nicht glaubte, für die Blumen etwas zurückgeben zu müssen. Er wollte die verbesserte Stimmung über den Tag bis in die Nacht hinein retten.

Als Dreulings zu Besuch kamen, neigte sich der Juli schon über den Zenit. Sie hatten am Vortag bei Brückwalds angerufen und sich angekündigt, der Nachbar rief über den Zaun den Namen »Däumling«, Marquard korrigierte das nicht, dazu gefiel ihm das entstandene Bild zu gut. Däumling, über so etwas konnte er mit Tom normalerweise herumalbern, meistens setzte der noch einen drauf. In diesem Fall erschien der Scherz heikel. Carlotta brauchte er mit dem Wortspiel ohnehin nicht zu kommen. Also ließ er die Däumlings ziehen.
Das Metalltor klapperte, in den Hof schob sich ein blauer Kinderwagen, der Heike hinter sich herzog und Tom auf die hinteren Ränge verwies. Lara hüpfte an den Eltern vorbei auf Marquard zu, er hob sie hoch, wirbelte sie herum, ihre Beine flogen in die Waagerechte wie Propeller. Das Kind hing in seinen Armen als Stoffpuppe, offenbar ohne jede Angst. Wann im Leben ging dieses Vertrauen in Andere eigentlich verloren. Vor allem: wodurch.

Heike hatte sich deutlich erholt, sie war gut zurechtgemacht, viel Farbe, die Aufmachung stand ihr. Tom klopfte Marquard ohne ein Wort auf die Schulter, anhaltend, statt flüchtig wie sonst und mit einer Intensität, die etwas ausdrücken wollte. Als sollte Trost gesprochen werden, der ihnen beiden galt.

»Ihr habt Mut«, äußerte Tom im Angesicht der Putzschäden auf der rückseitigen Fassade, »aber man kann was draus machen.«

»Ich finde, es ist schon was da«, entgegnete Marquard und kam sich trotzig vor. »Es war auch nicht teuer. Kommt in den Garten.«

Heike schob den Wagen über das holprige Pflaster und blieb stehen. »Was wollten die mit den ganzen Kirschbäumen?«

»Sie haben die Kirschen zur Sammelstelle gebracht und vom Staat Geld bekommen. Nur ist in Berlin nicht viel vom Obst angekommen. Die Voreigentümer haben erzählt, die Kirschen sind zum Teil auf dem Hänger verfault, kein Sprit.«

»Scheiß System. Die sind nicht dankbar genug, dass sie das los sind«, meinte Tom.

»Weiß nicht«, wandte Marquard ein.

Carlotta erschien und hielt zunächst Heike, dann Tom die Wange hin. Von dem Kuchenblech, das sie vor sich hertrug, duftete es nach Hefe. Die goldige Oberfläche des Gebackenen durchzogen dunkle Krater, Spuren der eingesunkenen Kirschen.

»Selbstgebacken?« Marquard entnahm Heikes Ton, mit ihrem Bild von Carlotta passte selbstgebackener Kuchen nicht zusammen.

»Ja, extra für euch.«

»Dann – esse ich ein Stück mehr.« Tom betrachtete Carlotta.

Beide wussten nicht, was für einen Aprikosenkuchen sie früher gebacken hatte, süß, nach Frucht, nach Kernen, die dazugehörten, auch wenn der Körper das enthaltene Amygdalin in giftige Blausäure umwandeln konnte. Marquard griff zum Messer.

»Halt«, fuhr Carlotta dazwischen, »Puderzucker fehlt noch.«

Er legte das Messer zurück auf den Tisch.

»Darf ich?«, Lara stellte sich auf die Zehen und streckte den Arm nach dem Teesieb aus. Carlotta reichte es ihr, zusammen mit einem Teelöffel, der die steinigen weißen Klumpen in Zuckerstaub verwandelte, und holte mit Heike Kaffee und Geschirr.

»Die Schlacht habt ihr verloren.« Tom stand vor dem Gemüsebeet, in dem Unkraut zwischen verwilderten Erdbeerpflanzen wucherte. Marquard hoffte, der Frost würde ihm zu einem Neuanfang im nächsten Jahr verhelfen.

»Und sonst?«, fragte Tom.

»Tja«, antwortete Marquard, »eigentlich ganz gut. Und bei euch?«

»Na ja.« Tom machte einen erschöpften Eindruck, Gesicht, Stimme, Körperhaltung. Als hätte Heike ihm Energie abgepumpt, die nun in ihr kreiste, während sie Tom fehlte. »Manchmal denk ich, ich hatte schon bessere Ideen, dabei war es nicht einmal eine«, sagte Tom. Sein Kopf bewegte sich in Richtung Kinderwagen.

Jedenfalls nicht deine, dachte Marquard, er hatte die Entscheidung für Kleinmachnow vor Augen.

»Und du mit dem Haus?«

Er wusste nicht, was Tom wusste. »Das andere war zu groß, man sieht, was hier schon alles anfällt.«

»Es läuft, solange es läuft.«

Marquard fand, Tom hatte einen Trost verdient. »Bald ist er größer«, sagte er deshalb und wusste, Tom verstand.

»Kühler Trost«, meinte Tom.

Die Frauen und Lara kamen zurück, Jan begann zu schreien.

Marquard schnitt den Kuchen.

Jan brüllte lauter.

»Fangt an.« Carlotta rannte los, den Kinderwagen vor sich herschiebend. Der Wagen polterte über den Hof, Jan quietschte, Carlotta drehte eine zweite Runde, das Kind wurde still. Ein Maunzen war zu hören, als Carlotta den Wagen abstellte. Sie fragte: »Darf ich?« Heike nickte. Carlotta nahm das Kind aus dem Wagen und hielt es vor ihr Gesicht. Der kleine Jan starrte sie mit aufgerissenen Augen an, als sähe er zum ersten Mal einen Menschen. Du täuschst dich, dachte Marquard. Er forschte in Carlottas Zügen, ob er beunruhigt sein musste. Ob Jan Gefühle in ihr weckte, die einen Konflikt heraufbeschworen. Nein, sie lachte, heiter und leicht und legte das Kind seiner Mutter auf den Schoß.

»Keine Elektroarbeiten durch Laien«, sagte der Vater am Telefon, »schon wegen der Versicherung.« Marquard hatte ihm erzählt, er müsse dringend neue Leitungen ziehen. Es lagen noch zweiadrige Kabel in der Wand, die Erde fehlte. Wenn die Lampen zu lange brannten, roch es verschmort aus den Verteilerdosen. »Keine Elektroarbeiten durch Laien.« Der Sache nach hatte der Vater recht, es gab keinen Anlass zum Widerspruch, aber Marquard wollte gegenhalten. Stattdessen redete er von der Suche nach der Versicherung für ihr altes Haus, was weder ihn noch den Vater interessieren konnte. Er redete über den Geruch von Lysol, dem Desinfektionsmittel, das aus den Wänden strömte, wenn er sie nur berührte. Er redete sich daran fest, erzählte, wie er manchmal im Zug aus Bochum zurück nach Berlin sieben Stunden dem Stoff ausgesetzt war und er seine Kleidung einen Tag auf dem Balkon auslüften musste. Er redete über die Aufträge Carlottas, nannte Stundenlöhne, als seien es die eigenen. Am Schluss redete er sogar über das Wetter.

Er legte auf. »Keine Elektroarbeiten durch Laien.« Jetzt, wo die Leitung gekappt war, wusste er, was ihn empört hatte: das Wort Laie. Es passte an dieser Stelle nicht, als Biologe hatte er Physik im Nebenfach studiert, die paar Schaltungen waren eine Kleinigkeit für ihn – und der Vater wusste das. Als Techniker konnte er die Lage einschätzen. Er legte großen Wert auf diese Eigenschaft, schob den Titel Ingenieur, den er ein paar Fortbildungen verdankte, immer weit nach vorn. Nun allerdings musste er den Ingenieur wegen einer neuen rechtlichen Sprachregelung aufgeben. Er wurde wieder zum Technikermeister verkleinert. – Eventuell hatte die Attacke damit zu tun.

Die Erzählerei, dachte Marquard, sie bewährt sich einfach nicht.

Marquard erteilte dem Elektriker aus dem nächsten Ort den Auftrag. Mit dem Staub, den der Mann erzeugte, kam zurück, was landläufig als Alltag bezeichnet wurde. In die Schicht, die sich überall verteilte, hätte Marquard mit dem Finger etwas schreiben mögen, das den Juli zurückbrachte. Carlotta. Was sonst? Den Namen in alten Staub setzen, wollte er aber nicht. Es brachte den Juli ohnehin nicht zurück.

Während der Elektriker erste Schlitze zog, wollte Marquard die Raufaser im Flur abreißen, aber es gab keine. Er hatte sich täuschen lassen. Findig, wie die Leute hier waren, stellten sie Raufaser her, indem sie die Wände einkleisterten, dann Sägespäne drauf warfen und die Angelegenheit überstrichen, diese Idee musste einem erst einmal kommen. Es passte zu der Art, wie der Ellenbogen an Stelle der schmutzigen Hand gereicht wurde, der Finger zum Gruß an die Schirmmütze tippte, das Leben da abgeholt wurde, wo es wartete.

»Carlotta«, rief er in den Garten, »komm, die Möbel.« Sie hatten für morgen den Sperrmüll bestellt. Mit der Vitrine aus dem Wohnzimmer begannen sie. Zunächst musste das Oberteil heruntergehoben werden. Carlotta fasste da an, wo es auf dem Unterteil lag. Falsch, dachte Marquard, Carlotta trug immer alles auf eine möglichst unpraktische Weise. Sie griff schlicht an die Stelle, die ihren Händen am nächsten war.

»Du musst oben anfassen.« Oben am hölzernen Vorsprung, da hatten die Hände Halt, da behielt man das Gewicht unter Kontrolle.

»Wieso?«, fragte Carlotta, »ich heb das etwas hoch und dann tragen wir es raus.«

Am liebsten hätte er sie spüren lassen, wie sich ihr Vorschlag auswirkte, aber er sagte: »Oben, sonst kämpfen wir hier gegen Übergewicht.«

»Zieht Ihr wieder aus?«, fragte der Nachbarsjunge, nachdem sie außer der Vitrine, das Sofa, mehrere Sessel, einen Kleiderschrank und das Bettgestell samt Matratzen am Straßenrand aufgereiht hatten. Marquard versuchte zu sehen, was der Junge sah, zehn Jahre mochte er alt sein. Zwei Erwachsen stellten mit einigem Gezerre Mobiliar auf die Straße.

»Nein«, sagte Marquard zu dem Kind. »Wir sind doch gerade erst eingezogen. Bald bekommen wir neue Möbel.«

Eine Weile schon schob er ein neuerliches Gespräch mit Runge vor sich her. Er musste ihn noch einmal wegen der Affen befragen. Von Cordula Teichmann hörte er nichts mehr. Allerdings hatte er auf ihre Mail auch nicht geantwortet.

Nur war Runge mit Arbeit eingedeckt, nachdem sie das Dopamin in erhöhter Konzentration zuletzt am Schweinegehirn nachgewiesen hatten. Es war nun zu belegen, dass die Versuche nicht nur reproduzierbar waren, sondern der Stoff auch in untoxischen Mengen in den Organen anflutete. Runge musste die neurotoxischen Manipulationen bei den Tieren vornehmen, die die Dopaminreduktion im Gehirn erzeugten und sie krank machten. Leider ließen sich Schweine, anders als Kleinsäuger, noch nicht krank züchten, was die Abläufe verlängerte. Sie mussten daraufsetzen, dass sich nach der Injektion des Wirkstoffs die Symptome bei den Schweinen zurückbildeten und die Präparate der Organe keine andere Spur legten. Sämtliche Arbeiten mussten weit vor Runges Urlaub erledigt sein, damit sie die Chance behielten, das Jahr mit einem Erfolg abzuschließen.

Runge fuhr im Spätherbst wie im vergangenen Jahr nach Antalya wegen der Sonderangebote, von denen er dem Team beim Mittagessen entgegen seiner Natur vorgeschwärmt hatte, bis die Ziegenkranz ein entnervtes: »Dann frohes Sparen«, von sich gab, was Marquard ihr gar nicht zugetraut hätte. »Zwei Wochen bezahlen, drei Wochen bleiben«, loriotwürdig, wie Runge unverdrossen weiterredete, als gäbe es den Einwurf der Ziegenkranz nicht, »all inclusive«, das letzte Wort auf der letzten Silbe betonend. Runges Englisch war rudimentär, umso besser sprach er Russisch. Einmal hatte er auf Russisch telefoniert, vollkommen flüssig, und seinen Chef in das Gefühl geschickt, ein Agentenfilm spiele sich ab. Marquard hatte sich zurück in die Wirklichkeit beordert, aber vollständig folgte er sich nicht. Wenn Runge wieder da war, frisch erholt, kam der richtige Zeitpunkt für den Versuch, über mögliche »Kletterhilfen« Runges an Informationen zum Reglement in Sachen Affen zu gelangen.

Entwurzelungen

In den Monaten mit »r« ist Pflanzzeit, wobei der Herbst die günstigsten Bedingungen zum Umpflanzen bietet. Die frisch in die Erde vergrabenen Wurzeln können sich aus dem Wurzelstock verzweigen, Nebenwurzeln bilden, aus denen die zarten Faserwurzeln wachsen, die allein Nahrung und Nässe in den Baum transportieren können. Die Herbsttemperaturen unterstützen den Prozess, die Winterkälte erschwert ihn.

Den Herbst hatten sie allerdings verpasst. Carlotta wollte die Kirschbäume erst umpflanzen, wenn die überzähligen an die Freunde verschenkt waren. Nur dann entstehe ein Bild. Für den Schrebergarten von Dorrit und Jochen waren zwei Bäume vorgesehen. Aber Dorrit sagte den Termin ab, »atmosphärische Turbulenzen«. Dreulings, die von vier Bäumen gesprochen hatten, verschoben die Baumaktion auf das Frühjahr, ihr Garten sei noch nicht so weit. Die Wurzeln mussten sehen, wie sie klarkamen.

Nun war es schon April, und für die Bäume wurde die Chance zu wurzeln immer kleiner. Morgen war Sonntag, da würden Dreulings zu ihnen stoßen, um zusammen zu graben. Für die Woche darauf hatte sich Dorrit angekündigt.

»Lass uns heute anfangen mit dem ersten Baum«, überredete er Carlotta, »vier Bäume morgen sind zu viel.«

»Ich weiß zwar nicht, was an den Dingern so wichtig ist, aber meinetwegen. Nimm den, der muss in jedem Fall weg.«

Am markierten Kirschbaum stach Marquard den Boden bei Zweidritteln des Kronenumfangs kreisförmig aus und grub unter dem entstehenden Erdballen die Erde frei. Die Hauptwurzel trennte Marquard mit einer wuchtigen Astschere sauber ab. Carlotta versuchte zwischendurch immer wieder, den Baum schneller aus dem Erdreich zu bekommen. Sie rüttelte am Stamm, der sich nicht beeindrucken ließ.

»Nicht«, sagte Marquard, »es braucht Geduld, wenn er überleben soll.

»Dann dauert das ewig«, wandte Carlotta ein.

»Langsam, nur so geht es, sonst können wir ihn auch fällen.«

»Bin ich für, sind sowieso zu viele.«

»Dann führen die toten Wurzeln im Boden zu Unebenheiten. Man stolpert oder bleibt beim Mähen hängen.«

Carlotta gab sich geschlagen. Ihr war wohl wichtiger zu entscheiden, welche Bäume stehen blieben, welche verschenkt wurden. Dass sie sich nicht einig waren, zeichnete sich ab. Er machte einen Vorschlag, sie einen anderen. Es folgte das übliche Hast-du-gesagt, Hab-ich-nicht-gesagt, das sie zum Teil in einem Kompromiss auflösten, zum Teil vertagten. Auf morgen, das wäre ein guter Termin.

Als Dreulings dann da waren, schufteten sie alle mehrere Stunden, die Marquard schneller vergingen, als wenn sie zu zweit arbeiteten.

»Sollen wir nicht noch zusammen deinen Vorgarten roden?« Tom stützte sich auf den Spaten.

»Mach ich schon, irgendwann.«

»Das Grünzeug hat dir doch nicht gefallen, von Anfang an. Los, komm, was weg ist, ist weg.« Tom hielt ihm den zweiten Spaten hin.

»Hat noch Zeit.«

»Oder will Carlotta, dass alles so bleibt?«

Das süffisante Lächeln ließ Marquard zugreifen. Mit dem Spaten über der Schulter schritt er auf den Vorgarten zu wie ein Krieger. »Los«, hörte er sich sagen, »einen nach dem anderen« und stieß das Werkzeug mit dem Fuß in den Boden. Im Takt der Spatenstiche, im Rhythmus des sägenden Fuchsschwanzes löste sich alles Beengende auf.

»Wohin damit?« Tom warf den ersten Lebensbaum über den Zaun.

»Nach hinten. Da sammele ich totes Holz zum Verbrennen.«

In seinem Arbeitszimmer klingelte das Telefon. Er musste den Anruf entgegennehmen, Carlotta war auf einem Wochenendseminar in Mainz. »Hütter.« Er hörte, wie seine Stimme sich hob, ein Fragezeichen, das da nicht hingehörte.

»Marquard.« Die Stimme der Mutter, weiter entfernt als fünfhundert Kilometer. Dein Vater, Schlaganfall, Lähmung, die Wörter drangen durch seine Außenhaut, am Gehirn prallten sie ab. Halbseitig. Nichts war einzuordnen.

»Wie ist die Prognose?«

Die Antwort der Mutter versank mit den niedergekämpften Tränen. Er presste den Hörer ans Ohr, das Atmen am anderen Ende der Leitung blieb entfernt.

»Soll ich kommen?« Er war der Sohn, die Reaktion

seines Körpers bewies es, aber ebenso übertrug er auf sich die Schablone Sohn, die ihm vorgab, was erwartet wurde.

Mit dem »Ja« der Mutter endete das Telefonat.

Er bestellte ein Taxi zum Bahnhof, nahm in Kauf umzusteigen, in Hannover, möglicherweise zusätzlich in Dortmund. Gegen seine Gewohnheit ging er auf die Fragen des Taxifahrers ein, ließ sich verführen, von der Reise und ihrem Grund zu erzählen.

»Viel Glück«, wünschte ihm der Fahrer. Wahrscheinlich bezog sich das auf knappe Umsteigezeiten.

»Klappt schon.« War er erst einmal unterwegs, liefen die Dinge ab, ohne dass er Einfluss nehmen konnte. Was er nicht konnte, das musste er nicht, da unterschied er sich von Carlotta, die auch dann an den Seilen riss, wenn die sie unlösbar fesselten.

Der Zug war pünktlich. Marquard dachte das, als er den Ruck spürte, mit dem die Fahrt begann und er daraufhin die Uhrzeit kontrollierte. Der Zug war pünktlich. Heute verstärkte die Überschrift für die fremde Geschichte seine Traurigkeit oder breitete statt der eigenen die andere in ihm aus.

Marquard sah am Fenster das Theater des Westens vorbeigleiten, es lief der »Blaue Engel«. Wären die Eltern zu Besuch gekommen, hätte er, der Musicals konsequent umging, Karten gekauft. Jetzt ist es zu spät, dachte er, das Stück ist abgesetzt, jedenfalls für den Vater.

Auf der Fahrt trat immer noch die Teilung hervor, obwohl die Wiedervereinigung sich im Herbst zum dritten Mal jährte. Aus den Bahnhöfen troff das Grau. An den Schranken wartete immer wieder einmal ein Trabant ergeben auf den vorbeirauschenden Zug nach Westen. In den Dörfern waren die Hausdächer mühsam mit Teerpappe instandgehalten, Scheunen fielen in sich zusammen. Dafür ließen die Felder Platz für Klatschmohn und Kornblumen und malten Bilder einer im Westen vergangenen Zeit.

»Sonst noch was?« Die Kellnerin im Speisewagen drückte die Schultern nach hinten und schob ihre Hüfte vor. Das Kinn reckte sich zu ihm, die Augen: Moos mit Bernsteinsplittern. Sie hielt den Bleistift über den Block und lächelte ihn mit leicht geöffnetem Mund an.

»Nein – danke.«

»Gut.« Das Lächeln der Kellnerin verwandelte sich in ein kurzes Auflachen. Sie steckte den Stift hinter das Ohr und wandte sich ab.

Er hatte sich vorgenommen, die kurze Strecke vom Bahnhof zum Krankenhaus zu Fuß zurückzulegen. In Bochum gab es immer wieder jemanden, der sich an sein Gesicht erinnerte. Das Kopfnicken sagte dann: Du gehörst dazu. In Berlin geschah so etwas nie, die Fluktuation war groß, der Stadt blieb ihr Status als Zwischenstation erhalten. Man wob sich nicht ein, es gab nur einen Flickenteppich, auf den man trat, um ihn auf der anderen Seite zu verlassen. Und wenn in Ressow die Hand für ihn zum Gruß gehoben wurde, geschah es auf die Art, mit der ein fremder Wanderer gegrüßt wird, beiläufig und ohne aufzuschauen.

Der Ruck, mit dem der Zug hielt, war heftiger als der bei der Abfahrt. Marquard musste sich festhalten. Zu seiner Überraschung stand Malowski auf dem Bahnsteig. Malowski, den Namen des Nachbarn verband Marquard für immer mit dem Geschimpfe, wenn wieder einmal der Ball über den Zaun geraten war, weil hinter den Reihenhäusern der Platz zum Spielen nur handtuchgroß war.

Die Mutter habe gebeten ihn abzuholen, meinte Malowski und wollte ihm die Tasche aus der Hand nehmen. Für Malowski war das Gefälle in ihrem Verhältnis, von fehlgeleiteten Bällen erzeugt, offenbar nicht nur eingeebnet, sondern gewendet. Angeblich hatte der Nachbar die Mutter einmal gefragt, ob er Marquard jetzt Herr Doktor nennen müsse. Marquard hielt die Tasche fest.

»Wie steht es denn?« Marquard bedauerte sogleich die Frage. Wie kam er dazu, Malowski den Gesundheitszustand des Vaters einschätzen zu lassen.

»Ihr Vater …«, begann Malowski, sagte etwas von gelähmt, knickte gleichzeitig absichtsvoll beim Laufen ein und schloss mit: »Einmal erwischtet uns alle.«

Das ist schon wieder gut, dachte Marquard. Kamera draufhalten und im Fernsehen senden, wenn es nur nicht um den Vater ginge.

»Schönen Gruß«, sagte Malowski, als er Marquard vor dem Krankenhaus absetzte, und Marquard fragte sich, ob das hieß, der Vater konnte Grüße empfangen. Er bedankte sich, schlug die Tür hinter sich zu und war erstaunt, dass Malowski das Fenster herunterkurbelte, um einen Besuch mit seiner Frau für Montag anzukündigen. Wer würde mich besuchen, dachte Marquard.

Er drückte die 6 im Lift, Innere Medizin, wohin der Vater von der Intensivstation verlegt worden war.

Das Schwesternzimmer auf der Station war leer. Marquard wartete.

»Hallo Marquard.« Hinter ihm die Stimme der Mutter. Sie hielt eine leere Flasche in der Hand. »Ich will gerade neues Wasser für Papa holen.«

»Aber nur noch ein Glas.« Die Schwester kam angelaufen und tauschte die Flaschen aus.

Die Mutter schlich neben ihm den Gang entlang, der nach saurer Milch roch.

»Wie steht es denn?«, fragte er nun auch die Mutter, obwohl er sich davon nichts versprach.

Ohne zu antworten, setzte die Mutter einen Fuß vor den anderen, bis sie stehen blieb. »Wir sind da.« Als verstünde er sonst nicht. Wir sind da. Ein Satz wie ein Urteil.

Marquard klopfte kurz an, öffnete die Tür und wagte einen Schritt in den Raum. Da lag der Vater. Klein war er, der Vater, so wie das Metallgestänge ihn oben und unten begrenzte. Und alt, viel älter als noch Weihnachten. Die Augen des Vaters waren geschlossen. Weiß das Gesicht. Die Schwestern hatten die Arme unter dem weißen Laken verborgen, das man nur hochziehen musste, um den Vater als Toten darzustellen. Unter der Stoffbahn lief der Schlauch des Tropfes zum unsichtbaren Arm des Vaters.

»Guten Tag, Papa.« Die Anrede zu umschiffen wie sonst, hätte er nicht über sich gebracht und Vater zu sagen, vertiefte den Ernst der Lage, die ohne sein Zutun reichlich Raum nach unten eröffnete.

Der Vater schlug die Augen auf und lächelte schief. »Hallo Marquard.« Die rechte Hälfte des Gesichts nahm am Sprechen nicht teil.

»Wie geht es dir?« Er wünschte sich, vom Blatt ablesen zu können.

»Siehst du ja.« Die Antwort des Vaters hätte trockenen Humor widergespiegelt, wenn nicht »Sissuja« herausgekommen wäre.

»Kannst du aufstehen?« Vor einer Reaktion des Vaters nahm Marquard den Beutel in Höhe des Bettrahmens wahr, der mit einer gelben Flüssigkeit gefüllt war, die aus dem Bauch des Kranken hineinlief.

»Morgen vielleicht«, redete die Mutter dazwischen, ohne zu erklären, woher sie die Hoffnung nahm.

Der Mitpatient hustete gurgelnd und erinnerte an die Wirklichkeit.

»Dann sind wir ja noch hier.« Marquard hörte sich reden.

Erst mit Rosalies Auftreten entspannte sich die Lage. Sie umarmte die Mutter, dann ihn, beugte sich zum Vater. Er sei ja völlig eingepackt, dabei warte draußen der Frühling. Ohne Scheu schlug sie die Bettdecke zurück und strich mit dem Handrücken über die Wange des Vaters.

»Und?«, fragte sie in das kranke Gesicht und drehte sich um, nachdem sie keine Antwort bekam. »Und?«, jetzt wandte sie sich an die Mutter, vielleicht auch an ihn, den Bruder, jedenfalls wanderte ihr Blick zwischen ihnen hin und her.

»Wir müssen mit dem Arzt sprechen.« Marquard unterschlug den Zusatz: Sonst ist das hier Kaffeesatzlesen. Er fing auf, wie der Vater ihn ansah, er wollte einbezogen werden. Deshalb wiederholte er den Satz zum Krankenbett hin. »Wann ist Visite?« Das wieder in Richtung Mutter.

»Morgen um elf.«

Er hoffte, Carlotta wäre dann bereits zu ihnen gestoßen. Er sollte sie anrufen und bitten, früh in Mainz aufzubrechen. Carlotta zöge mit ihrer Hebammentechnik alle Schalen ab von den Erklärungen der

Ärzte, bis der Kern von dem, was sie wussten, sichtbar werden würde. Seine eigenen Fragen konnten womöglich mit Fachwissen verschrecken, und die Antworten fielen dann unnötig vage aus. Er sah Rosalie von der Seite an, die für ihn die kleine Schwester blieb. Sie war kein Schwergewicht. Schweres Gewicht sollte man aber im Arztgespräch morgen in die Waagschale legen können.

Ich bin ungerecht. Er nahm sich so wahr, als Rosalie ihren Golf durch die Kurven steuerte. Gas wegnehmen, runterschalten, kaum bremsen, auf dem Schnittpunkt der Kurve beschleunigen, Fahrtechnik wie von einem Fahrlehrer angeleitet. Niemanden schüttelte es durch, jede Schrecksekunde wurde vermieden, alles blieb beherrscht und besonnen. Marquard rutschte von der Mitte der Rückbank nach rechts, hinter die Mutter, mit Sicht nicht mehr auf die Straße, sondern auf Rosalie. Wie sie im Krankenzimmer das Gespräch in Gang gehalten hatte, immer ein neues Stichwort hervorzauberte, die sich von ihm heimlich verordnete weitere Stunde Aufenthalt dadurch zusammenschnurrte, bewundernswert. Rosalie, ich werde Carlotta nicht anrufen, versprach er der Schwester still. Du wirst das Gespräch morgen führen.

»Wir sind da«, sagte Rosalie bei der Ankunft am Haus wie zuvor die Mutter an der Tür zum Krankenzimmer. Dasselbe Urteil.

Nein, dachte er, ich nehm es nicht an, aber das blieb innen, waberte konturlos herum wie eine Seifenblase, in den unterschiedlichsten Tönen schillernd, streifte Elternhaus, Carlotta, Labor, mit einem kurzen Stopp bei sich selbst.

»Marquard?« Rosalie steckte den Kopf durch die Fahrertür ins Wageninnere.

Er kippte den Vordersitz nach vorn und stieg aus.

»Geht schon ins Wohnzimmer«, rief die Mutter und lief in die Küche. Er steuerte auf einen der grünen Polstersessel zu, Rosalie folgte der Mutter. Seine Schwester kam mit Tellern, Bestecken, Gläsern, zwei Flaschen Bier ins Wohnzimmer, sortierte das Mitgebrachte auf dem eichenen Tisch drei Plätzen zu.

»Servietten?«, fragte er, und deutete ein Aufstehen an.

Rosalie schüttelte den Kopf. »Wie gehts dir, Marquard?«

Wieder diese Frage, mit der er nichts anfangen konnte. »Eigentlich ganz gut.« Was sollte er sonst sagen.

»Ist nicht so leicht zurzeit.« Der Blick der Schwester lag auf ihm, bevor sie wieder in die Küche verschwand. »Ich hol einen Flaschenöffner.«

»Sie kommt gleich«, kündigte Rosalie die Mutter an.

Er hebelte die Kronkorken von den Flaschen mit dem Gefühl, etwas Vernünftiges beizutragen.

»So.« Die Mutter stellte den Teller auf den Tisch, Viertelscheiben mit Salami, Käse oder Schinken, die Salami dekorierten Fächer aus Gewürzgurken.

»Greift zu.« Dabei rückte sie den Teller ein paar Zentimeter von sich weg und auf Rosalie und ihn zu.

Wider Erwarten aß er mit großem Appetit. Beim Kauen fiel ihm ein Satz aus der Böll-Geschichte ein, die heute schon die Abfahrt des Zuges begleitet hatte: »Dickbeschmierte Butterbrote und das Schreckliche ist, dass sie schmecken.« Die Lebenden wollten überleben.

»Du sagst gar nichts.« Rosalie legte ihre Hand auf die der Mutter.

Deren Kopf schüttelte sich zu einem abwesenden Nein.

»Was ist denn?« Marquard beugte sich der Mutter über den Tisch entgegen. Sie schwieg weiter, wie verschreckt.

»Was ist denn?«, fragte er noch einmal.

»Ich habe Angst.« Es kam zögernd heraus, die Stimme der Mutter hing auf einem Ton fest.

»Wovor?« Er rückte auf die Kante des Sessels. Natürlich war der Zustand des Vaters bedrohlich, aber noch im Krankenhaus war die Mutter der Situation beinahe lakonisch begegnet.

Erneut bewegte die Mutter den Kopf in einer kaum merkbaren Amplitude.

»Sag doch.« Rosalie umarmte die Mutter jetzt.

»Dass ich wieder allein bin.« Sie machte sich frei und legte die Hände auf die Tischplatte.

»Wieder?«, setzte Rosalie nach.

Er hatte das Wort auch gehört.

Die Mutter nickte, jetzt blass im Gesicht.

»Wie wann?«, fragte Rosalie nach Art von Carlotta.

Er hätte am liebsten den Raum verlassen.

»Wie damals«, sagte die Mutter und verschloss mit der Rechten den Mund.

Hier entscheidet sich etwas. Es ist ihm klar, als wäre den Dingen die Haut abgezogen.

Rosalie löst die Finger der Mutter vom Mund, führt die Hände zusammen, drückt das Knäuel aus Mutterhänden.

»Damals«, sagt die Mutter. »als die Russen kamen«, sagt sie. Ihm fallen die oft gefallenen Mutter-Wörter ein, die nie zusammenhingen, nie eine Geschichte bildeten, keine Bilder aufriefen, nicht lebten: Verschleppt, Lager, Eltern tot. Die auf einen sinnlosen Strang aus Vater-Wörtern trafen: verschüttet, Männerlager, kennengelernt. Die Mutter beginnt, aus den losen Wörtern ein Bild zu weben.

»Hast du das gewusst?« Er nahm den nassen Teller von der Spüle. Rosalies Antwort kannte er. Sie hatte aus ihrem Gesicht gesprochen. Aber er musste reden, bevor die Nacht kam. Er musste verstehen. Etwas, das unbegreiflich blieb. Sie war doch die Mutter.

»Nein.« Als drückte ihr jemand die Kehle zu.

Marquard stellte den abgetrockneten Teller in den Schrank. Es schepperte lauter als sonst. »Wir haben nie nachgefragt.«

»Nein.« Rosalie stützte sich auf die Spüle.

»Warum nicht?«

»Mach mir nicht auch noch Vorwürfe.« Sie öffnete die Tür einen Spalt breit und lauschte in den Flur. Aus dem Wohnzimmer drang die Stimme von Thomas Gottschalk. »Gut, dass sie das schauen kann.« Rosalie zog die Küchentür fest zu.

»Ich habe dir keine Vorwürfe gemacht. Ich habe uns beide gemeint.«

»Ach, ihr Männer«, Rosalies Geste und ihr Ton wiesen ihm ein steinernes Herz zu, das er als fremd empfand. »Als würdet ihr jemals nachfragen.«

»Keine Vorwürfe also?« Er fütterte so viel Sarkasmus in den Satz, wie er hineinbekam.

So beiläufig, wie sich Rosalie entschuldigte, hätte sie es lassen können.

»Rosalie …«, setzte er noch einmal an. Warum gelang es nicht, auf der Spur zur Mutter zu bleiben, gemeinsam mit Rosalie.

»Wir sind verstrickt.« Rosalie zog ihm langsam das Trockentuch weg und drehte abwesend einen Teller durch den Stoff.

»Worin?« Der Teller war längst trocken, aber das war egal.

»Wir sind Teil des Systems, Marquard. Es hat eigene Regeln.«

Welche?, hätte er gern gefragt, aber er war zu erschöpft. »Zig mal vergewaltigt. Meinst du, es stimmt, dass sie nicht schwanger geworden ist, Rosalie?«

»Ich glaub ihr das. Die Eltern vor ihren Augen erschossen. Mit achtzehn ins Lager verschleppt. Mein Körper reagiert schon auf Alltagsstress. Keine Regel vor der Trennung von Paul. Dann wieder alles normal.«

»Ein kleiner Trost.«

»Ein sehr kleiner.«

Als sie ins Wohnzimmer traten, vollführten auf dem Bildschirm Bagger Kunststücke. Die Mutter erläuterte die Wette. Er glaubte mitzuspielen in einem Stück des absurden Theaters: Der Sand steigt bis zum Hals, während die Versinkende Liedchen singt und sich die Lippen bemalt. Auch eine Lösung, dachte er, vielleicht die einzige. Er schützte heute keine Arbeit vor, anders als sonst, wenn es hieß »Top, die Wette gilt.« Heute setzte er sich vor die Wetten, mochten sie ihm das Gehirn erweichen.

Ob sie einen Wein öffnen solle, fragte Rosalie die Mutter, die verneinte, wo sie doch gern Wein trank, vor allem Rosé im Sommer, und die Rosé-Zeit begann schon.

»Ich geh gleich ins Bett«, sagte die Mutter. Es war kurz nach neun.

Er lag wach. Seine Gedanken kreisten um die Mutter. War sie die, die er kannte, die lachte, kochte, rauchte, feierte oder die, auf die jemand schoss, nur zum Spaß, die überlebte, weil sie stolperte. Zwei Organismen, die unverbunden blieben. Nirgends bildeten sich Kapillaren, die für einen Austausch zwischen den zwei Leben hätten sorgen können. Die Systeme blieben abgegrenzt, eins sichtbar, das andere unsichtbar. Welches Bild war das richtige, welches das falsche. Womöglich hatte er sich lebenslang eine Mutter vorgestellt, die es nicht gab. Eine, die nur vorgetäuscht war.

Sie hat mich angeleitet, dachte er. Sie hat vom Leben im Lager eine grobe Zeichnung hergestellt. Ein paar dicke Linien, an denen er sich entlanghangeln konnte. Dass die Felder dazwischen weiß blieben, ließ sich übersehen. »Meine Frauen ...«, so begann die Geschichte, die er kannte und die der Mutter so etwas wie eine Vorarbeiterrolle zuschrieb. »Meine Frauen hatten keine Gummistiefel und ich habe durchgesetzt, dass sie welche bekamen. Es war ja nass.« Die Mutter ballte die Faust dabei, als Zeichen ihrer Kraft von damals. Es fiel leicht, den kurzen Ausschnitt für das Leben zu halten. Warum fragte er nicht: War es Winter? Gab es Decken? Wenigstens das. Es wäre ein Anfang gewesen. Weil die Mutter den nächsten Pfad festklopfte? »Da könnt ihr sehen, ich hab nicht immer hinter eurem Vater gestanden.« Der Satz beendete stets die Geschichte. Zu bereitwillig war er dem Weg ins Jetzt gefolgt.

Warum hatte Rosalie keine Fragen gestellt, die Mutter

sich ihr nicht offenbart? Die Nähe der beiden hatte weder Rosalie Mut gemacht noch der Mutter, das versteckte Leben aus der Black Box zu holen. Es muss anstrengend gewesen sein, den Deckel zuzuhalten, wenn er aufspringen wollte. Oder ihn festzukleben durch Schweigen.

Wenn sie gesprochen hätte, früh, sie hätte aus zwei unverbundenen Teilen vielleicht ein ganzes Leben gemacht. Sie hat es nicht gekonnt, dachte er. Übermächtig die Angst, alte Wunden zum Schwären zu bringen. Die verwundete Mutter maß dem Schweigen wohl heilende Kraft bei.

Dieses Hochschrecken aus traumlosem Schlaf geschah selten, heute jedoch schockartig. Ich träume nicht. Er glaubte daran, obgleich er als Naturwissenschaftler wusste, jeder Mensch träumte. Auch bei ihm würden sich aus den Hirnströmen REM-Phasen ablesen lassen. Nur erinnerte er sich nie an einen Traum. Ohne Träume zu sein, wurde darum zu einer Gewissheit, der er anhing, auch wenn er sie als Irrtum erkannte.

Das Haus lag still, es war erst sieben Uhr. Im Bad drehte er die Dusche auf. Warm lief das Wasser an ihm herunter. Das Thermostat richtete einen Pfeil auf die Zahl achtunddreißig, er löste zum ersten Mal die Sperre und justierte die Temperatur nach oben. Vierzig Grad, der Strahl zeichnete rote Spuren auf seinen Bauch.

Das Schampon roch künstlich nach Apfel, es musste neu sein, widerlich. Er hielt den Kopf in den heißen Strahl, der dumpf auf ihm herumtrommelte. Morsezeichen, die er nicht entschlüsseln konnte. Schluss damit, er schwenkte mit einem Ruck den Regler in die Gegenrichtung, eiskalt prasselte nun das Wasser auf ihn. Er unterdrückte ein Stöhnen, mehr als ein kräftiges Ausatmen kam nicht heraus.

Flauschig umschlang das Handtuch seinen geröteten Körper, der vertraute Geruch des Weichspülers stieg auf. Seitdem die Chemikalie das Fernsehen und dann den Haushalt erobert hatte, beanspruchte sie die Monopolstellung für den Geruch nach frisch Gewaschenem im Elternhaus. Er nahm ein zweites Handtuch, sog das, was nach immer roch, tief ein, und schob unterbrechungslos das Tuch hoch zu den Haaren, die er trocken rubbelte.

Der Wasserdampf hatte den Spiegel erblinden lassen. Marquard stand seinem Selbst gegenüber, ohne es sehen zu können. Für wen hielt er sich? Schwierig. Wörter huschten an ihm vorbei, ohne sich fangen zu lassen. Er wischte ein Fenster in den Spiegel, an dem sich Schlieren bildeten. Für wen hält Carlotta mich? Für den klugen Wissenschaftler, gebildet, scharfsinnig, den er im Schaufenster zeigte und mit dem sie sich schmückte? Was bliebe, wenn er scheiterte in der dargestellten Rolle? Er öffnete das Fenster. Die frische Luft legte Teile vom Spiegelglas frei. Marquard verfolgte die langsame Veränderung wie eine Versuchsanordnung. Ein Versuch ohne Resultat. Der Dunst zog mehr und mehr ab, ließ einen Spiegel zurück mit verschwommenen Bildern. Für wen hielt er Carlotta? Stopp. Er wollte das hier heraushalten. Aber konnte er noch treffsicher unterscheiden zwischen der echten Carlotta und der Sprechpuppe, die ihm unterschob, was für sie vorteilhaft war? Er fuhr mit der Hand über das Glas, keine Verbesserung, im Gegenteil. Maria, wen hast du gesehen? Doch mich. Oder?

Wir haben die Welt miteinander geteilt. Und dann?
Er trocknete die Glasfläche mit einem Handtuch. Der Spiegel warf jetzt sein Bild vollständig zurück. Marquard scheitelte das Haar wie immer links, benutzte sein eigenes Deo, nicht das, was vor ihm auf der Glasplatte bereitstand. Er kramte in seinem Kulturbeutel nach dem Brillenetui. Seine Hand erwischte jedoch den Behälter für Kontaktlinsen. Ein abgebrochener Versuch, mehr war es nicht, damals nach Maria, um den Vorwurf mit der Brille ungeschehen zu machen. Die Linsen mussten längst vertrocknet sein. Marquard schraubte den Behälter für die rechte Kontaktlinse auf, hielt die Bewegung an, schraubte wieder zu und warf den Behälter in die Ledertasche zurück. Er ertastete das Etui aus hartem Plastik. Es sprang auf mit einem trockenen Schnalzen. Das Metall des Gestells legte sich kühl auf seine Haut, als er die Brille aufsetzte und vor die Augen schob.

»Marquard?« Die Mutter trat aus dem Zimmer, das für ihn Elternschlafzimmer hieß und wohl für immer heißen würde.

Er hielt das Handtuch um seine Hüften fest.
»Sag mal, Marquard ...«
»Später. Ich zieh mich nur schnell an.« Für das Gespräch, das er auf sich zukommen sah, wollte er bekleidet sein.
»Ich wollte dich nur kurz was fragen.«
Er sah keine Möglichkeit zu entkommen.
»Wer ist eigentlich gestern Wettkönig geworden?«
Im Ausatmen bemerkte er, wie er die Luft angehalten hatte. Zu gerne hätte er der Mutter einen Wettkönig präsentiert. Nun schilderte er ihr ausführlich, sie seien

zu müde gewesen, um zu Ende zu gucken, früher ins Bett gegangen, es täte ihm leid.

»Schade«, die Mutter lächelte.

Aus dem Klang ihrer Stimme entnahm er, sie bedauerte tatsächlich, den Wettkönig nicht zu kennen. Dennoch nagelte das Gesicht der Mutter ihn, den Sohn, an die Geschichte, die sie gestern erzählt hatte. Bis gestern, dachte er, habe ich mich vom Lächeln täuschen lassen. Jetzt sehe ich, es spart die Augen aus. Kein Beschwichtigen ändert daran etwas. Es ist eine neue Wirklichkeit geschaffen.

Noch immer stand er dort auf dem Flur, zwischen Bad und seinem Zimmer, unbekleidet, sah man von dem Handtuchwickel ab. Ihm gegenüber die Mutter in ihrem hellblauen Nachthemd, darauf verstreute weiße Blumen.

»Ich zieh mich schnell an, dann mach ich uns Frühstück.« Mit dieser Bemerkung verschwand sie im Schlafzimmer, während er auf den Impuls wartete, der ihn in Bewegung setzte.

Das gesamte Frühstück über rechnete er damit, dass etwas geschah. Jemand zurückkam auf gestern. Er wartete, ohne zu hoffen, ergab sich den düsteren Wolken, die unausweichlich näher rückten. Nur prasselte nichts vom Himmel.

Der Kaffee wurde eingeschenkt, die aufgebackenen Brötchen gegessen.

Die Zeit verstrich. Niemand berührte auch nur die Klinke zu dem dunklen Raum, in den die Mutter sie hatte sehen lassen. Sie hielten sich auf ihren Esstischstühlen mit Alltagsgeplapper fest, als hofften sie, das Schweigen durch ihr Gerede mundtot zu machen. Puzzle-Teile von gestern schoben sich zwischen die Fragen nach Wurst und Käse. Die Mutter, die es nicht mehr gäbe, so wenig wie ihn, wäre sie nicht unter der russischen Kugel hindurchgetaucht. Er sieht förmlich die junge Frau straucheln, auf dem Weg zur Tür des Kasinos, die Kugel schlägt ins Holz, durchbohrt es.

Als sie zum Vater aufbrachen, dachte Marquard: Wir werden wieder zur Ruhe kommen. Der Vater mochte recht haben mit seinem gern benutzten Spruch: Wenn man in altem Mist rührt, stinkts. Oder aber er hatte Unrecht, weil er mit dem Merksatz ein blickdichtes Tuch über die Zeit im Lager werfen wollte, ihn eigens dazu geschaffen hatte. Dann fehlte dem Satz jede Wahrheit.

Die Klinik war in Sichtweite. Rosalie bremste und setzte den Blinker. »Da ist ein Parkplatz.« Es war, als wollte sie ihm die Wirklichkeit erklären.

»Geht ihr allein zum Arztgespräch«, sagte die Mutter vor dem Lift, »ich warte bei Papa.«

Wie sollen wir dem Arzt das erklären, fiel ihm ein, aber er gehorchte und drückte auf die 2 für Rosalie und ihn, die 6 für die Mutter. Es war vielleicht leichter ohne die Mutter. Gleich verhandelten sie das Schicksal des Vaters, sein Zustand bekäme Bewertungen, rot für falsch, so wie er den ersten Brief der Mutter rot markiert und zurückgeschickt hatte, von Lager zu Lager, wegen eines Schreibfehlers.

»Es kann jeden Tag wieder passieren, hat der Arzt gesagt.« An der Tür zum Zimmer des Vaters drehte Rosalie Marquard ihr kreidiges Gesicht zu.

»Die wissen nichts.« Er wollte Rosalie beruhigen.
»Aber er hat es gesagt.«
»Trotzdem.«
»Was sagen wir Mama?«
»Nichts.«
»Wir müssen sie einweihen.«
»Nein.«
Als er die Tür öffnete, beugte sich gerade Carlotta zum Vater, küsste ihm die Wange, fuhr danach über die Stelle, wie um den Abdruck ihres Mundes in den Vater zu streichen. Der Vater presste ihren Namen aus der einen Hälfte des Mundes.

»Oh, du sprichst ja schön«, lobte sie, was kein Lob verdiente. Ein Wangenkuss für die Mutter, einer für Rosalie, dann war er an der Reihe. Carlotta küsste ihn auf den Mund, mit einem: »So, jetzt aber.« Dieses Küssen auf den Mund vor aller Augen, daran gewöhnte er sich nicht, ohne dass Carlotta in das Befremden eingeweiht war. Sein ganzes Leben lang hatten sich die Eltern in seiner Gegenwart nicht einmal umarmt.

»Was sagt denn der Arzt?«, nuschelte der Vater, Marquard verstand erst, als der Vater, bemüht artikulierend, noch einmal fragte.

Er spulte das von Arzt vorgestellte Therapieprogramm ab, flocht das Wort »Geduld« ein. Die Mutter nickte.

»Na also«, meinte Carlotta, sprach von wahren Wundern, die heutzutage vollbracht würden.

Ihm verschloss sich, woran sie den Optimismus knüpfte. Nach allem, was er herausgehört hatte, sah es ohne Wunder schlecht aus.

Der Vater dankte der Schwiegertochter mit schiefem Lächeln.

»Kommt, wir holen schnell einen Kaffee.« Carlotta wandte sich an ihn und Rosalie. »Möchte jemand noch ein Stück Kuchen, bevor wir aufbrechen? Das bringen wir dann mit.«

»Ich«, sagte der Vater zu Marquards Überraschung und erlaubte ihnen damit, gemeinsam das Krankenzimmer zu verlassen.

Sie hatten kaum die Tür geschlossen, da schoss Carlotta die Frage ab: »War noch etwas?« Sie fixierte ihn.

»Nichts Genaues weiß man. Danach verfahren sie hier.«

Carlotta hielt den Blick auf ihn gerichtet, wartete demonstrativ, ob noch etwas von ihm käme. Er zwang sich zu schweigen.

»Wie ist denn das Ungenaue, das man kennt, zu beschreiben?«

»Ungenau eben.« Carlotta sollte aufhören mit ihrer Inquisition.

»Marquard berichtet dir später in Ruhe«, besänftigte Rosalie, und er dachte: Erzähl mehr von mir. Aber auf diesem Satz hielt er den Deckel.

»Ach …«, begann die Mutter. Sie hatten Kaffee getrunken, und Carlotta bereitete den Aufbruch vor, indem sie ihre dunkelblaue Strickjacke von der Rückenlehne des Stuhls im Krankenzimmer nahm.

Nur nichts von gestern jetzt, dachte Marquard, aber das Gesicht der Mutter sah versonnen in eine offenbar bessere Vergangenheit.

»Du«, sagte die Mutter und sah ihn an, »weißt du, wen ich gesehen habe letztens?«

»Wen?«, fragte er mit leisem Misstrauen zurück.

»Maria. Sie hat mich aber nicht gesehen.«

Maria! Wie? Wo? Allein? Mit Kindern? Einem Mann? »Ah, ja«, äußerte er nur.

Carlotta fragte: »Wer ist Maria?«

»Eine Freundin von früher.« Rasch weg von der Frage.

Die Mutter hatte den Mund schon geöffnet, nun klappte sie ihn wieder zu, als erhörte sie das stille Stoßgebet des Sohnes. Dann sagte sie doch noch: »Sie hat sich gar nicht verändert.«

Er sah Maria vor sich mit den Honiglocken, der Taille, so schmal, als könnte er sie mit den Händen umfassen. Wen riss ihr Lachen jetzt mit? Wenn sie den Kopf nach hinten warf und in die Couch fiel. »Wir müssen los«, antwortete er, sah zu Carlotta und wiederholte den Satz.

»Ja, es ist eine lange Fahrt.« Unter Carlottas Zustimmung lag ein unfreundlicher Ton.

»Fahrt vorsichtig.« Die Mutter stand auf und hielt ihm das Gesicht hin.

Der kurze Abschied, das Herunterbeugen ins Nichts, alles wie immer, nur fühlten sich heute seine Bewegungen besonders steif an.

»Ruft mal durch, wenn Ihr zurück seid.« Der Appell der Mutter, der Druck auf ihn ausübte wie immer. Auch wenn er ihm sonst auswich, heute sagte er »Ja.«

»Wer ist Maria und was ist mit dem Vater?«, fragte Carlotta auf dem Weg zum Auto, »in dieser Reihenfolge.«

»Wie gesagt, eine Freundin von früher – und mit dem Vater geht alles seinen Gang.«

»Marquard, wer ist Maria?«

Instinkt konnte man Carlotta nicht absprechen. Aber

ein Partner musste nicht alles nach außen kehren, sich nicht wenden, wie eine auf links gedrehte Jeans, die von der Mutter auf Spuren gewisser Dinge durchschnüffelt wurde. Was blieb sonst übrig von einem.

»Ich war mal kurz mit ihr zusammen, zu Jugendzeiten, nichts Wichtiges«, log er, um die Sache abzuschließen.

»Na schön«, erwiderte Carlotta in einer Art, die zum Ausdruck brachte, sie ließ sich von ihm nicht täuschen, und schloss den Wagen auf. »Marquard, was also hat der Arzt gesagt?« Sie saß hinter dem Lenkrad, ohne den Motor zu starten.

»Fahr erstmal.« Er wollte nicht wieder reagieren auf den Einsatz des Namens, der ihre Fragen zu Befehlen umfärbte. Wenn auch der Aufstand unter dem Strich nichts einbrachte.

Carlotta legte die Hände in den Schoß. »Gib mir ein Stichwort.«

»Die wissen nichts.«

»Aber es dürfte doch etwas gesprochen worden sein zwischen dem Arzt und euch. Oder täusche ich mich?«

»Später.«

Carlotta sah ihn kalt an. Sie drehte den Zündschlüssel, der Motor röhrte, sie fuhr so rasant rückwärts aus der Parklücke, dass Marquard dachte: Gleich kracht es.

Auf dem Ruhrschnellweg die Erkenntnis: Vor uns liegen rund fünfhundert Kilometer, ein Korridor, aus dem ich nur schwer entkommen kann. Das Motorgeräusch im Wagen nicht laut genug, um ein Gespräch zu verhindern. Radio? Carlotta würde das sofort als durchsichtiges Manöver entlarven. Reden? Nein. Auch wenn sein Schweigekonto wegen Maria hinlänglich gefüllt war.

»Ich habe dich vorhin etwas gefragt, Marquard, geruhst du zu antworten?«

Nein, dachte er, so nicht. Ich lasse mir meine Tür nicht eintreten. »Später.« Wohl war ihm dabei nicht.

Carlotta beschleunigte, die Tachonadel näherte sich der zweihundert. »Die Schotten dicht machen als Lösung, ja?« Ihre Stimme schrill.

»Manchmal, schon.« Hoffentlich ging er nicht zu weit.

Carlotta wandte sich zur Seite, zu seiner Seite, dabei fuhr sie mit hohem Tempo weiter. Er starrte geradeaus und dachte, lange geht das nicht gut.

Er informierte die Mutter, sie seien gut durchgekommen, und dachte, mein Tag ist angefüllt mit Lügen. »Nicht entmutigen lassen«, sagte er zum Schluss, »bis dann.«

»Hast du eine Erklärung?« Carlotta stand in der Tür.

»Wofür?«, fragte er zurück, schon weil ihr Ton ihn herausforderte. Außerdem war er sich tatsächlich nicht sicher, worauf sie zielte, das Telefonat eben, die stumme Fahrt, Maria, es gab viele Möglichkeiten.

Mit der Gegenfrage hatte er sich allerdings keinen Gefallen getan. Carlotta schlug mit der flachen Hand auf den Esstisch. »Ich glaube das alles nicht.« Ihr Gesicht war rot angelaufen, sie kam auf ihn zu, und einen Augenblick lang rechnete er damit, dass sie ihn ohrfeigte.

»Eine Erklärung, Marquard.« Sie baute sich vor ihm auf.

»Wegen der Sache mit Vater?« Er musste etwas anbieten, und hier lag die niedrigste Hürde.

»Was glaubst du?«

»Ein Mann vom Tag ist er, totgeweiht. Das hat der Arzt gesagt.« Die Sätze vibrierten im engen Arbeitszimmer.

»Mein Gott«, entfuhr es Carlotta.

Was bliebe übrig, wenn plötzlich alle Floskeln aus der Sprache getilgt wären. »Es kann jederzeit wieder passieren«, fügte er ruhig hinzu.

»Wie hat deine Mutter es aufgenommen? Gefasst, dem Eindruck nach.«

»Wir haben sie geschont.« Die Formulierung deckte sich exakt mit dem, was er fühlte.

»Nein«, beschied Carlotta, »ihr habt ihr etwas vorenthalten, so wie du mir dauernd etwas vorenthältst.«

»Vorenthalten? Den Schock vielleicht.«

»Die Wahrheit. Man kann alles sagen, es geht nur um das Wie.«

»Nein, auch um das Ob.«

»Ob? Das verneinst du ja wohl meistens. Du bleibst allein in deiner Wabe oder soll ich besser Zelle sagen? Zugänge: Fehlanzeige.«

»Es geht nicht darum, alles passieren zu lassen, rein und raus, wie es beliebt. Blut-Hirn-Schranke, du wirst davon gehört haben.«

»Da bin ich aber auf die Filter gespannt.«

»Ein bedeutsamer Filter für das Rein ist, dass der Stoff nicht toxisch wirkt.«

»Das wirst du leicht erreichen, Marquard, deine Membran ist komplett verklebt. Deshalb gibt es auch kein Raus.«

»Doch.«

»Soll das ein Witz sein? Ich lache später. Wenn ich an die Führerscheinsache denke, den Vater, diese Maria, du machst doch völlig dicht.«

Warum keifte sie so? Er wählte eben strikt aus, was er durchließ und was nicht. Maria zum Beispiel blieb verschlossen.

»Marquard, sag etwas, ich bitte dich.«

Für ihn klang es nicht wie eine Bitte, sondern wie ein Befehl. »Ich wähle aus, das ist mein Recht.«

»Was ist mit meinem Recht? Etwas von dir zu erfahren, statt von Rosalie oder deiner Mutter. Mit der Maria-Geschichte stimmt doch auch etwas nicht.«

Richtig, dachte er.

Pendelbewegung

»Du bringst dich in unser Leben nicht ein. Nicht in der Stadt und hier auch nicht. Die Seide hat schon gefragt, ob du noch da bist.« Carlotta schob das Frühstücksbrett zur Seite.

»Also gut«, antwortete er, bevor sie darauf zu sprechen kam, dass Brückwald es schon seit einiger Zeit bei einem Gruß bewenden ließ, statt an den Gartenzaun zu treten; er genauso.

Carlotta und er waren nicht auf die Auseinandersetzung vom letzten Wochenende zurückgekommen, was leicht fiel, weil Carlotta am Montagmorgen erneut nach Mainz gefahren und erst gestern Abend in Ressow eingetroffen war. Ihm hatten die leblosen Abende in Berlin klargemacht, vor so einem Leben fürchtete er sich. Er erkannte auch, ihre Ehe fuhr schon auf dem Reservereifen, und selbst der war nicht mehr vollständig aufgepumpt. Sollte der Luftdruck wieder steigen, mussten sie einander entgegenkommen.

Wenn er bloß nicht immer Carlottas Botschaften ausgesetzt wäre: Sieh mal, wie man Kontakt herstellt, nimm dir ein Beispiel. Dabei gab er sich Mühe, große sogar. Nur, was verbesserte sich, wenn er statt Carlotta zu der Seide ging, ihr das Geld in die Hand drückte, die Eier nahm und verschwand. Dann fehlten sogar die Geschichten aus dem Dorf, die Carlotta jedes Mal mitbrachte. Und mit Brückwald gab es auch nicht dauernd ein Gesprächsthema. Außerdem redeten sowieso alle lieber mit Carlotta.

Zunächst einmal goss er seiner Frau Kaffee nach und

sah sich um nach etwas, das sich eignete, guten Willen zu zeigen. Aus dem Blumenbeet neben dem Frühstücksplatz pflückte er eine späte Margerite und steckte sie ihr nach kurzem Zögern hinter das Ohr. »Was schlägst du vor?« Die Diskussionen sollten enden.

Carlotta befühlte die Blüte an ihrem Kopf, die schon Übergewicht bekam. »Sie haben mich gefragt, ob ich mitmachen will bei einem dörflichen Verein. Kirchenerhalt, Gemeinschaft, Brauchtum, so etwas.« Ihr Kopf setzte die weißen Zungen der Margeritenblüte in Bewegung.

»Du sagst gar nichts.« Sie hatte sich zurückgelehnt und ihm beim Denken zugeschaut.

»Und, machst du es?« Er fand, die Rolle der Moderatorin zwischen den Welten passte zu Carlotta.

»Ich bin zu viel weg. Aber ich dachte, die Aufgabe könnte etwas für dich sein, Marquard.«

Halt den Ball im Spiel, befahl er sich stumm, sonst kippt die Situation wieder. Deshalb fragte er nach, worum es genau gehe, schob ein, dass er mit Kirche so gar nicht zusammenpasse.

Carlotta bemühte sich, ihm den Job so schmackhaft wie möglich zu machen. Kirche als Bauwerk, bäuerliche Kultur, der alte Dialekt, ein oder zwei Feste im Jahr. »Aber hauptsächlich suchen sie jemanden für den Vorstand, der Anträge stellt für Fördermittel. Da bist du doch erfahren.«

»Schon«, antwortete er, obwohl das Anträge-Stellen zu den beruflichen Dingen gehörte, die er ausgesprochen ungern machte. Dazu Massenfeste organisieren, viel schlimmer konnte es nicht kommen. Dennoch willigte er ein, sich wenigstens über den neuen Verein zu informieren. »Komm«, sagte er, und hob auffordernd seinen Kaffeebecher. Carlotta stieß aber nicht mit ihm an, sondern ahmte nur seine Geste nach und trank.

Feste. Sie verfolgten ihn. Er fürchtete Veranstaltungen wie Weihnachtsfeiern, die ihm entsetzliche Tanzereien mit einem Luftballon zwischen den Köpfen abnötigten und ihn die Sekunden zählen ließen. Leider stand er mit dieser Einschätzung allem Anschein nach allein. Die Firma hatte bei dem Thema Gemeinschaftserlebnisse aufgerüstet und ein Sommerfest ins Leben gerufen. Geschockt hatte er den Brief des Vorstands gelesen und die Begeisterung im Ton zunächst für blanke Ironie gehalten. Das Papier landete dort, wo es hingehörte, bevor er die Papierkugel wieder zu einer Fläche strich, bis Tag und Uhrzeit lesbar waren. Er hatte den Termin notiert, der ihm jetzt bevorstand.

Der Anblick des Kleiderschranks verstärkte seine Unlust. Jeans und T-Shirt? Anzug, um Distanz zu schaffen?

»Was ist?« Carlotta sah, wie er dort stand mit nichts bekleidet als einer grauen Unterhose und schwarzen Socken. Sie zupfte leicht am Ärmel des hellen Leinenanzugs. »Du wirst nicht aufs Schafott geführt, du sollst zu einem Sommerfest gehen.« Sie klopfte ihm aufmunternd auf den Po, wie einem Kind, das sich wehgetan hat und nun zum Spielen zurückgeschickt wird.

Ein Schafott war es nicht, was ihn erwartete, die gewisse Nähe, die er empfand, war wohl nur damit begründbar, dass er den Gang aufs Schafott mangels Erfahrung frei fantasieren konnte, denjenigen zu den elenden Weihnachtsfeiern hingegen sattsam kannte.

Er stieg in die helle Leinenhose, nahm das zuoberst liegende T-Shirt in unentschiedenem Grau heraus. Die Socken mussten von den Füßen, bevor er die Turnschuhe anzog.

»Es wird nicht spät.« Auch wenn er das Carlotta zurief, im Grunde tröstete er sich selbst.

»Viel Spaß!«, rief Carlotta ihm hinterher, was halb verschluckt wurde durch das Geräusch der zufallenden Tür und keine Reaktion seinerseits mehr zuließ.

Das Auto würde ihm zu einer guten Ausrede verhelfen, um beim Alkohol weitgehend zu passen. Dessen enthemmende Wirkung konnte sich dort entfalten, wo es angebracht war. Und als angebracht empfand er es eindeutig nicht, wenn angetrunkene Sekretärinnen ihm die Hand auf den Oberschenkel legten und ihre Brüste gegen seinen Arm drückten wie auf der Weihnachtsfeier im letzten Jahr.

In Sichtweite der Firma fuhr er an Berger vorbei. Marquard winkte ihm aus dem Auto zu ohne zu wissen, ob er Berger zum Warten auffordern oder vor sich auf die Feier scheuchen wollte.

Jedenfalls stand Berger am Hintereingang und nahm ihn in Empfang. Sein Laborant würde das Fest genießen, er trug Kleidung von der Art, die Marquard während des Studiums als leichten Bieranzug bezeichnet hatte, Jeans, T-Shirt, Turnschuhe, und begrüßte ihn aufgeräumt mit »Hallo Chef.«

So angesprochen, erschien der Anzug, den er selbst trug, noch passender als zuvor, gut, dass er sich abhob von Berger, der in der Wärme schon leicht nach Schweiß roch und die Luft mit Testosteron schwängerte. Als der Lift nach oben fuhr, dachte Marquard an das kalte

Bier, das zu Hause im Kühlschrank auf ihn wartete.

Die Türhälften fuhren zur Seite – vor ihnen hatte Krepppapier alles unter sich begraben: weiß die Tische, das Büffet giftgrün, Stühle gelb. Überall verteilten sich rote Schleifen ohne Sinn.

»Da«, Berger deutete auf einen Tisch am Fenster, wo sich die Abteilung schon vollzählig versammelt hatte. Nur die Sekretärin, die das Fest mitorganisierte, schwirrte noch als rosa Knallbonbon durch den Raum. Zur Komplettierung hatte sie das Haar der chemischen Industrie überantwortet, die sich mit einem gnadenlosen Menopausenrot bedankte.

Klöpper sah ihm entgegen. Gestärkt von einem grauen Anzug, bot sein Vertreter ihm die Stirn. Unten grätschten die beiden Teile der Krawatte auseinander, oben fanden sie im Knoten zusammen, Säbel, die sich an den Griffen kreuzten. Neben Klöpper hockte Runge und blickte sich um, ein Beobachter, niemand, der dazugehörte. Der blaugraue Konfirmationsanzug bediente jedes Vorurteil über die DDR. Was steckte da für ein Abzeichen am Kragen? Etwas von früher? Runge hatte Nerven. Nein, eine Anstecknadel, sogar mit einem Kunst-Motiv. Runge, das musste Marquard ihm zugestehen, hatte schon eine enorme Anpassungsleistung hinter sich. Die Ziegenkranz trug eine kreischend blaue Bluse, die ihr nicht stand, wie Marquard im Näherkommen bemerkte. Sie hatte sich zurechtgemacht, die Frisur erinnerte ihn an die Mutter, das Bild des halben Vaters mischte sich ein, über Marquard schwappte eine Welle von Mitleid, die ihn unvorbereitet traf und bis zur Ziegenkranz trug. Er brachte sich unter Kontrolle, schickte seinen Blick zu dem Getränk, das vor ihr stand, aber da war nichts als eine Tasse, kein Weinglas, keines mit Sekt. Er würde tanzen mit der Ziegenkranz, eine Eingebung, über die er beinahe gelacht hätte, beinahe. Er hatte etwas gutzumachen, weil er die Frau hausbacken und vorgestrig fand und er gestern auch noch gedacht hatte: Der Ziegenkranz ist ihre Gesichtshaut zwei Nummern zu groß geworden.

Die Einzige, die wirkte, wie immer, war Sandra. Es war wohl der Anblick des über etwas Weißem wedelnden Pferdeschwanzes, der ihm vertraut war, mochte es sich bei dem Weißen um einen Kittel oder um eine Bluse handeln. Sandra wandte sich zu ihm, zu ihnen, denn Berger stand neben ihm, aber Sandra sah nicht Berger ins Gesicht, auch nicht ihnen beiden, sondern nur ihm. Etwas belustigte sie, so wie sie lachte und sprach, er wusste nicht, was sie da erheiterte, womöglich die Ahnung, was in ihm vorging.

Er nahm den Platz am Kopfende ein, auf den Berger zeigte, er hätte es auch so getan in der vagen Hoffnung, dass Sandra aufrückte. Nun rahmten ihn aber Runge und Berger ein. Letzterer schirmte ihn von Sandra ab, während am anderen Ende des Tisches das Gesicht der Ziegenkranz etwas von ihm erbat. Es war vier Uhr, der Countdown lief. Sie würden Kaffee trinken, Kuchen essen, der Personalvorstand spräche über Dinge, die bekannt waren, weil Neues nicht auf ein Fest gehörte. Dann würden die ersten Korken knallen, er verpasste die Sportschau, wartete auf das Essen, aber nicht, weil er hungrig war, sondern weil er danach die erste Gelegenheit nutzen würde zu verschwinden. Dazwischen allerdings würde er tanzen.

Er eröffnete mit der Ziegenkranz, Tango, erstaunt,

dass Runge mit einer drallen Blonden sich neben ihnen hin und her wiegte. Auf dem letzten Takt der Musik beugte er die Ziegenkranz über sein Knie hinweg nach hinten, ihr Bein stieg keck in die Luft und ihr Gesicht verschwamm vor lauter Fraulichkeit. Ungerecht war er ihr gegenüber und würde das abstellen.

Als er Sandra aufforderte, verlangsamte die Musik sich dramatisch, es war etwas peinlich. Wobei er den engen Tanz, an dem kein Weg vorbeiführte, durchaus hätte genießen können, wären da nicht die vielen fremden Augen gewesen. Sandra ließ sich leicht führen, nahm stets vorweg, wozu er sich entschloss. Anschließend konnte er noch mit einem Boogie glänzen, dem Tanz, den er mit Carlotta wegen ständiger Streiterei um das Führen schon lange nicht mehr tanzte. Er hatte nichts verlernt, es wurde vereinzelt applaudiert.

Seine Ankündigung, sich bald zu verabschieden, wurde seinem Eindruck nach mit einer gewissen Erleichterung aufgenommen, die bei Berger zu Gleichgültigkeit, bei Sandra zu Nachsicht tendierte. Das Letzte, was er wahrnahm, bevor sich die Lifttüren schlossen, war das hektische Gezappel, das die Ziegenkranz auf der Tanzfläche ablieferte, vielleicht umnebelt von Bergers Ausdünstungen, der wie zu diesem Zweck mit abgewinkelten Armen die Hände neben den Ohren kreisen ließ. Gut, dass er selbst die ersten Tänze für sich reklamiert hatte, als die Situation noch deutlich sachlicher ausgefallen war.

Er verließ den Aufzug und lief den Gang entlang bis zum Labor. Die nächsten Präparate lagen bereit, Sandra hatte es vorhin erwähnt. Alles sprach dafür, dass der neue Stoff durchkam und untoxisch war. Wenn die nächste Serie erfolgreich war, konnten sie den Versuch mit kleinen Affen wagen. Nur noch ein paar Stichproben, dann würde er nach Hause fahren in ein hoffentlich ruhiges restliches Wochenende.

Er nahm die Brille ab und sah durch das Mikroskop. Noch war er dabei, das Bild scharfzustellen, als die Tür in seinem Rücken aufging.

»Ach«, sagte Sandra nur, »die Idee hatte ich auch.«

Er drückte das rechte Auge wieder aufs Okular, aber seine Ohren, die nach hinten lauschten, blockierten den Hirnbereich fürs Sehen. Sandra lehnte sich von hinten über ihn, als könnte man zu zweit durch ein Mikroskop schauen, und er dachte, ich müsste den Kopf wegnehmen und sie hineinsehen lassen. Ihre Wärme durchdrang seinen Anzug, begleitet von etwas Weichem. Er starrte in das bunte Nichts vor dem rechten Auge und wartete ab.

»Darf ich mal?«, fragte Sandra, und er dachte: Was fragt sie da?

Er stand auf, langsam, als verscheuchten schnelle Bewegungen das, was bleiben sollte. Beide standen sie neben dem leeren Schemel. Wenn er jetzt auf den Sitz deutete, kippte alles ins Alltägliche zurück. Sein Körper traf die Entscheidung, einen Fuß nach vorn zu setzen, auf Sandra zu, alles in ihm drängte danach. Auch sie machte einen Schritt, größer als seiner, der Rest lief einfach ab: Seine Arme umschließen sie, ihr Kopf neigt sich ihm zu, Mund öffnet Mund. Sie greift an ihr Haargummi, schüttelt den Pferdeschwanz zu einer freien Stutenmähne. Als wäre sie schon nackt. Er sucht wieder ihren Mund, ihre Zunge hat er sich zarter vorgestellt, weniger fordernd. Er umfasst Sandras Po, hebt sie hoch, ganz wenig nur.

Wenn sie dem Signal jetzt folgt, die Beine hebt und um ihn schlingt, gibt alles nach. Er drückt sie fester an sich, da, wo sie zueinander finden könnten, sofort. Er hält sie, wo sie ist, ein paar Zentimeter über dem Boden: Bleib, setz nicht die Füße auf. – Sandra jedoch machte sich schwer. Er wusste, das konnte nicht sein, jeder hatte sein Gewicht, aber er schwor, sie machte sich schwer und er setzte sie ab. Sein Mund drückte sich auf ihre Stirn, er zog Sandra an sich, sie erwiderte den Druck fast gleichzeitig. Er löste sich von ihr, griff zur Brille, rückte sie zurecht, Sandra beobachtete ihn.

Er wies jetzt doch auf den leeren Schemel, sein Lachen gab der Geste den nötigen Ernst. »Bitte Frau Hauffe«, sagte er und hoffte, sie hörte das Augenzwinkern.

»Geht alles seinen geordneten Gang«, meinte Sandra, während sie durch das Mikroskop schaute. Es schwang keine Reue mit, schon gar nichts Neckisches, am ehesten passte wohl das Wort tapfer.

Als sie sich verabschiedete, wünschte sie ihm ein schönes Wochenende. Nicht nur deshalb blieb er zurück mit dem Gefühl, etwas falsch gemacht zu haben.

Rasenmähen hatte etwas Kontemplatives. Er war eins mit sich und dem Garten, konzentriert nur auf den Verlauf der Bahnen. Ihre Blumenbeete hatte Carlotta mit Steinen geschützt, das Gemüsebeet umschloss eine Hecke.

Er mähte vor sich hin, obwohl es Sonntag war. Die Welt Ressows blieb von christlicher Sonntagsruhe verschont. Seine Ohren füllten sich mit dem Knattern des Motors, in der Nase der Geruch von frischem Gras. Dieses Grüne, Warme, das lebte und doch schon halb nicht mehr, verband er mit dem Sommer, der auf voller Höhe war, bevor er in den Herbst umschlug. Das Sommerfest gestern nahm Raum in seinem Kopf ein, und er überließ sich den Fantasien, die Tänze, das stille Labor, Sandra, mit der er gern weitergegangen wäre und auch nicht.

Heute Morgen im Bett war die Erinnerung in ihn geflutet und hatte seinen Körper binnen Sekunden geweckt. Er streckte die Hand rüber zu Carlottas, führte ihre zu sich hin, damit sie ihn umschloss. Versuchte, das milde Streicheln zu verstärken mit dem eigenen Griff. Carlotta befreite ihre Hand, streichelte wie zum Alibi seine Brust, räkelte sich und gähnte in einer Weise, die ihm demonstrativ erschien. Als hätte sie von dem gestrigen Abend gewusst. Und von dem dritten Affen aus dem Tierversuch im Nachbarlabor. Sein Körper hatte langsamer verstanden als er selbst.

Er war noch nicht fertig mit Rasenmähen, als Carlotta ihn bat, mit ihr den Flieder herunterzuschneiden. Marquard stellte den Rasenmäher in den Schuppen und folgte Carlotta zu den Fliederbüschen, an denen die abgeblühten Rispen traurig herunterhingen.

»Hier«, sagte Carlotta, »in der Höhe«, und markierte mit der Astschere oberhalb ihres Kopfes, wo er den Schnitt setzen sollte.

»Ich kann ihn auch tiefer schneiden.« Er nahm ihr die Schere aus der Hand.

»Hinten in dieser Höhe, vorne tiefer. Dann verdeckt er die hässliche Wand zu Brückwalds, verstehst du?«

»Nein, das ist zu schwer für mich. Pass auf, ich hol dir die Leiter.« Er ließ die Astschere fallen.

»Gut, hol die Leiter, aber hilf mir.«

Sollte er nein sagen? Mach alles allein, du bist ja so schlau?

»Komm, Marquard, in Ordnung?«

Er holte die Leiter und arbeitete sich durch die Büsche, Carlotta gab Hinweise.

Es wäre gelogen, wenn er behauptete, entspannt ins Unternehmen zu fahren. Ihm musste gelingen, Sandra wie stets und mit Respekt vor ihrer Arbeit zu begegnen. Nur die kleinen Flirtereien würde er ab jetzt unterdrücken. Auch wenn die Normalität damit schon gebrochen war.

Er sah die Post durch, immer noch nichts von der Anschaffung des Thermocyclers. Er entwarf ein Erinnerungsschreiben. Immerhin hatte der Finanzvorstand nach hartem Kampf weitere Gelder freigegeben für den neuesten Typ Mikroskop, die bewilligte Summe reichte für drei Geräte.

Nach einer Stunde klopfte es an seine Tür, die nicht sofort aufging, er wusste: Sandra. In ihm ein Temperaturwechsel, heiß oder kalt, er konnte es nicht unterscheiden. Er sagte »Ja«, und die Tür schlug auf.

Sie trug einen Schnellhefter bei sich, sagte »Guten Morgen«, sonst begrüßte sie ihn mit »Hallo Chef«.

Er grüßte zurück mit einem »Morgen«, so beiläufig wie möglich.

»Geht alles seinen gewohnten Gang«, meinte Sandra und schlug den Hefter auf, der diverse Fotos aus dem Elektronenmikroskop zeigte.

Er versuchte, sich auf die Bilder zu konzentrieren. Es gelang, als er ins Innere der Zelle sah. Die Proteine waren in sämtlichen Proben weitergewandert. »Diese Hürde wollten wir schon lange überspringen.« Im Sprechen realisierte er, wie man den Satz missverstehen konnte. Sandra blieb an seinem Schreibtisch stehen. »Ist alles in Ordnung?« Und nach einem kurzen Zögern setzte er »Sandra« hinzu.

»Ordnung müssen wir noch herstellen«, sagte sie, schob die Bilder zusammen und nahm den Hefter. »Bis dahin machen wir das Beste aus dem kreativen Chaos.«

»Was ist denn das Beste?« Das hätte er nicht fragen sollen.

»Weitermachen, wie bisher«, sagte Sandra und winkte mit dem Hefter.

»Genau.«

»Keine Sorge.« Sie verließ das Büro.

Jörg Schmidt. Den Namen hatte Carlotta ihm als Anlaufstelle für ihren Dorf-Verein genannt. Er konnte keine Person damit verbinden. Schmidt hieß in Ressow praktisch jeder. In Bochum waren Meier und Müller die verbreitetsten Namen. Die Meiers hatten sie in der Schule nummeriert, um sie auseinanderhalten zu können, Meier eins, Meier zwei und so fort. Vornamen waren tabu in ihrer Klasse, sie waren schließlich Jungen. Marquard holte sein Rad aus dem Schuppen. Schmidt eins statt Jörg Schmidt, ob auch hier in der ehemaligen DDR kühle Zahlen zugeteilt wurden, oder nur im Westen? Er sollte Carlotta fragen, sie wusste es sicher längst. Sie hielt sich als Auffangkorb hin, und die Leute warfen alles hinein. Er verließ das Grundstück, setzte sich aufs Rad und trat langsam in die Pedale. Auf das Treffen hatte er keine Lust und fuhr nur Carlotta zuliebe über die Dorfstraße zu einem Jörg Schmidt, den er nicht kannte.

Im Vorbeifahren betrachtete er die Häuser. Sie waren

alle bewohnt, auch diejenigen, deren Besitzer nach der Wende ihr Heil in den alten Bundesländern gesucht hatten. Manche Häuser nur verputzt, die anderen wie Ziegelsteine, die vom Himmel gefallen waren und nun ihr staubig gelbes Innenleben zeigten. Die Türen braun, manche grün. Nicht blau lackiert wie ihre. Brückwald hatte gefragt, ob das so bleiben solle, »Blau, ja?«, als habe Carlotta sich die Haare blau gefärbt und Seide hatte gefragt, ob brauner Lack alle sei.

Bei seinem Wunschhaus fuhr er langsamer. Die Rose, an der er fast hängengeblieben wäre, blühte dunkelrot und setzte dem Eingang eine lebendige Haube auf. Das Haus hatte neue Besitzer gefunden, die Fenster waren mit Folie verhängt, auf dem Hof kreischte eine Säge. Was sie wohl mit dem Haus machten? Er hätte wieder Stuck angebracht, alles in märkischem Gelb gestrichen. Der Duft von Bienenwachs auf den breiten Dielen, wenn er sie abgeschliffen hatte. Sie mussten sich mit Fertigparkett begnügen, außer im Schlafzimmer, aber die schmalen Bretter dort vermittelten nicht denselben Eindruck wie hundert Jahre alte Dielung. Gleich war Feierabend, die neuen Besitzer würden sich mit einem Bier hinter die Scheune setzen und sich in das Landschaftsbild fallen lassen, das seins hätte sein sollen.

Das Haus von Jörg Schmidt lag am Ende des Dorfes, wo die Gärten sich in den Feldern verloren. Er klopfte kräftig an die Eingangstür. Der Mann, der ihm öffnete, war größer als er, ein mächtiger Bauch wölbte sich über dem tiefsitzenden Hosenbund auf Marquard zu. Sie mochten in einem Alter sein.

»Tach-chen«, sagte der Mann, und steckte ihm die Hand entgegen, »von Carla geschickt, ja?«

Gib das schöne Händchen, dachte Marquard und reichte dem Mann seine Rechte. Er nannte Vor- und Zunamen und folgte ins Haus. An den Wänden im Flur hielten rote Leisten Paneele aus Kunststoff fest. Im Wohnzimmer brannte Neonlicht. Eine Frau beugte sich über den dunklen Esstisch und blätterte in Papieren herum. Ein paar Jahre jünger als er war sie, mollig, wie so viele in Ressow, die enge Bluse betonte das.

Sie wandte sich um und schüttelte ihm die Hand. Die Begrüßung seiner Kindheit. »Veronika Naumann.«

Bevor er antworten konnte, redete Jörg Schmidt dazwischen: »Wir sind hier ein kleines Dorf«, und es klang, als setzte er zu einem Referat über Ressow an. Nach einigen Sätzen, in denen es um Zusammenhalt, Nachbarschaft, Gemeinschaft ging, kurvte er zurück zu den Namen. »Wir nennen uns hier beim Vornamen.« Damit schloss er und sah Marquard erwartungsvoll an.

»In Ordnung. Ich bin Marquard.« Die Anrede war ihm egal, sie hatte sogar etwas angenehm Familiäres, nur störte ihn leicht, dass er wohl musste.

»Jörg«, sagte der andere zufrieden.

Veronika schob einige Blätter über den Tisch, die Satzung, Anträge für EU-Gelder. »Du kannst ja mal gucken«, sagte sie. Möglicherweise gingen die Ressower davon aus, die aus dem Westen wüssten alles, auch, weil sie sich so gebärdeten.

»Was soll denn hier laufen?«

Veronika malte Dorffeste aus, auf denen Geld gesammelt werden sollte, um die Kirche instandzusetzen. »Weihnachten und Kirche passt.«

»Singen tun wir da alle«, meinte Jörg.

»Wer?«, fragte Marquard in Richtung Veronika.

»Vorstand vom Verein und Kirchenchor, passt.«

»Ich kann nicht singen«, log er.

»Na ja«, antwortete Veronika, nicht abschätzig, sondern so, als sei alles seine Entscheidung. Sie schob ihm noch ein Blatt Papier zu.

Das Wort Förderung fiel, es passte zu den Anträgen auf dem Tisch und verschlechterte seine Stimmung. Betrogen kam er sich vor und wusste nicht, warum. »Ich mach mich schlau.« Er faltete die Papiere zusammen. Ein Freund von Tom war Rechtsanwalt, ihn würde er mit der Durchsicht der Satzung beglücken. Der Sache mit den Anträgen musste er in Ruhe nachgehen. Vor noch nicht langer Zeit hätte er Sandra um Hilfe gebeten.

»Schön, dass du mitmachst.«

Genau genommen hatte er das noch gar nicht zugesagt. »Geht schon klar.« Carlotta wäre zufrieden.

Sandras Verhalten war neuerdings verändert. Allein zu sein mit ihm, hatte sie schon seit dem Sommerfest vermieden. Das verstand er. Aber seit einigen Wochen wich sie aus, wenn er sie nach den nächsten Ergebnissen fragte, ließ seine Überlegungen zu den geplanten Versuchen leerlaufen. Dafür sah er nicht den geringsten Grund.

»Ich komm gleich nochmal vorbei, passt das?«, fragte sie am Schluss der Teamsitzung. Diese Frage war neu, sonst war sie unangekündigt erschienen.

»Am besten schnell.« Etwas kam hier auf ihn zu.

Fünf Minuten später tauchte sie bei ihm auf, verlegen, er machte sich auf alles gefasst. Vorsichtshalber legte er sich zurecht, er sei gebunden.

»Ich geh nach München.«

Über ihn ergoss sich ein Kübel Eiswasser. »Seit wann weißt du das?« Erst, als er das Du hörte, fiel es ihm auf.

»Seit einer Woche.«

»Wann hast du dich beworben?«

»Nach dem Sommerfest, wann sonst.«

»Erklär es mir.«

»Ich fand die Situation schwierig.«

»Wieso, wir arbeiten doch weiter perfekt zusammen.«

»Schon, aber ...« Sie zögerte, als habe er eine Zwischenfrage gestellt. »Die Unbefangenheit ist verschwunden.«

»Aber die kann man doch wiederherstellen.«

»Nein, es kommt nämlich was dazu.«

Er wollte nicht hören, was.

»Es kann sein, dass ich mich in dich verliebt habe, nur leider hoffnungslos.«

»Ich bin gebunden.« Er sprach den vorbereiteten Satz aus, nur fiel er ihm unerwartet schwer.

»Ich bin nicht wegen deiner Ehe hoffnungslos.«

»Sondern?«, fragte er, echt überrascht.

»Wegen dir.«

»Versteh ich nicht.«

»Du bist warm, dass alles schmilzt – und dann ein totaler Eisblock. Hab ich so noch nie erlebt.«

Maria, mehr konnte er nicht denken.

»Willst du wissen, wann die Zäsur eintritt?« Sie wartete seine Antwort nicht ab. »Wenn du die Brille auf die Nase schiebst.« Sie ahmte seine Bewegung nach, hob die Augenbrauen, ihr Gesichtsausdruck wies alles von sich.

Er griff an seine Nase.

»Ich halte das nicht aus. Dass ich mich in jemanden verliebt habe, den es nicht gibt, oder nur in bestimmten

Momenten. Die sind es, die ich nicht vergessen kann und wiederhaben will. Aber ich würde sie nicht finden, auch nicht, wenn du frei wärst. Oder zu selten. Diesen Spagat muss ich lösen. Ich muss hier weg, Marquard.«

Maria, dachte er, Maria.

Er hatte Veronika Naumann versprochen, mit ihr im Laufe der Woche die Ratschläge des Anwalts durchzugehen. Der Verein sollte angemeldet werden. Marquard fuhr mit dem Auto über die Seestraße zum Stadtring. Er schaltete das Radio an, der Song lief schon seit Monaten in den Charts, »What Is Love«. Marquard regelte die Lautstärke hoch, bis die Melodie sich verzerrte und in seinen Ohren nur noch »Baby don't hurt me« schepperte. Er brüllte den Refrain der Straße entgegen, der Verkehr floss, Blicke aus dem Nachbarwagen musste er nicht fürchten. Nicht an Sandra denken, nicht an Maria. Auf die alte Technik zurückgreifen: Sich beschäftigen, mindestens fest an etwas anderes denken. Sex, Fußball oder seine Präparate, dahin riss er aus, wenn der Song zu Ende war. Nein, heute hielten die Präparate nicht genug Abstand zu Sandra. Schluss. Er musste seine Gedanken am engen Zügel führen, damit sie nicht durchgingen zum Sex und sich der Name Maria einmischte. Schluss. Es liefe auf Fußball hinaus. Er heftete sich an den Tabellenstand der Bundesliga. Der VfL Bochum, sein Verein, war abgestiegen. Die Fans hatten zu früh das Wort »unabsteigbar« im Mund geführt. Zweite Liga wegen eines einzigen Punktes. Im Spiel gegen Bayern hatte er auf ein Wunder gehofft. Die Minuten vor dem Abpfiff, mitgespielt hatte er, da vor dem Fernseher, sein Fuß war immer wieder ins Leere gestoßen: »Tu ihn rein, Menschenskind, so schwer ist das doch nicht.« Die Aufholjagd in der zweiten Saisonhälfte sollte belohnt werden. »Latte, oh nein. Weiter, macht schon«, Gelsdorf war ein guter Einpeitscher, das musste man ihm lassen, lauft, los, lauft. Ihn selbst hatte das Spiel derart gestresst, er hatte seine Hände ausgeschüttelt, als klebten Fliegenstreifen daran, Carlotta fragte: »Was ist?«, als sie kurz ins Wohnzimmer trat. »Nichts«, hatte er geantwortet und weiter geschüttelt.

Als er die Autobahn verließ, lag er gut in der Zeit. Es reichte für einen Stopp am eigenen Haus. Mit einem Schwung fuhr er von der Dorfstraße, stieg aus, strebte am Haus vorbei zum Garten.

Die Ruhe, die der Garten über ihn legte, wenn er allein hier war, wog vieles auf. Er hatte sich auch arrangiert damit, dass das Grundstück nicht sehr groß war. Nur dieser Schuppen. Marquard trat hinter den Ölschuppen, der eine ungute Wärme abstrahlte. In der Ferne weideten beige-braune Rinder, ein Traktor zog eine Staubfahne hinter sich her. Warum dieser Schuppen noch da war, verstand Marquard selbst nicht. Es war, als müsste er Abstand halten von den schwarzen Brettern.

Eine Viertelstunde blieb ihm noch. Er griff nach den reifen Johannisbeeren. Den krautigen Geruch und herb-süßen Geschmack verband er mit dem Wort erotisch. Er aß zwei Hände voll, zupfte noch ein paar mehr vom Strauch. Carlotta konnte mit Johannisbeeren nichts anfangen. Maria hatte Johannisbeeren geliebt, besonders die schwarzen, er durfte sie von ihrer hellen Haut lecken, sie ihr zurückgeben in den Mund. In ihren Mund, der alles versprach und alles hielt. Maria, die sein Leben überblendete. Weil das Licht hell leuchtete über dem Bett. Wo sie ihn schauen ließ, die Knie leicht geöffnet, auf sich und in sich sehen ließ bis auf den Grund. Und er sich ihr zeigte, alles von sich, in sich hineinblicken ließ bis auf den Grund. Damit sie sich meinen konnten. Wo kein Spiegel war, weil er nicht zusehen wollte, nicht sich, nicht ihr, nicht ihnen beiden, nur eins sein wollte mit ihr. Wenn sein Mund dem Blick, den Daumen folgte, auf ihr blieb, in ihr blieb, hochrutschte. Wenn sein Mund ihren traf, der nachgab, weich nachgab, ihm nachgab. Wenn er dann in ihr war, sie im Nacken packte, damit sie standhielt, so dass er alles in ihr erreichte, nicht nur die Haut. Damit er sich auflöste in ihr und sie sich in ihm. Wenn er dann stöhnte, als schmerzte es, ihre Laute klagend zu ihm drangen, dann offenbarte sich, was vorher verborgen war, das Leben selbst.

So war das Bild.

Die Johannisbeeren in seiner Hand hatten sich in blutigen Matsch verwandelt. Marquard wusch mit dem Gartenwasser die Spuren ab, so gut es ging. Er brach jetzt auf zu Veronika Naumann.

»Immer rin«, Veronika streckte ihm die Hand entgegen. Die Haut war glatt, wie gepolstert, das Relief von Venen, das Carlottas und seine Handrücken durchzog, fehlte. Zu Veronikas Händen fiel ihm das Wort gutartig ein. Sie würden nicht abwinken, keine stummen Vorwürfe erheben, sondern Brote schmieren und über wehe Stellen streichen. Marquard trat in den Flur, in dem es süßlich roch. Nach Gebackenem, Heimat, Dazugehören und er schluckte, weil die Lust auf den Kuchen mit einer undefinierbaren Traurigkeit daherkam.

»Bald sind die Pfirsiche reif«, sagte Veronika zusammenhanglos. Der Satz klang auf beneidenswerte Weise glücklich.

»Lass uns noch etwas essen gehen«, wünschte sich Carlotta. Sie hatte sich für den Abend zurechtgemacht, ihre Lippen bemalt.

»Ich muss noch an den Schreibtisch.« Die Fahrt aufs Land hatte Zeit gekostet.

»Wir bleiben nicht lange.«

Auf dem Weg zum Italiener nahm Carlotta seine Hand. Dieser beiläufige Kontakt ihrer Körper verstand sich nicht mehr von selbst. Er ließ es geschehen.

Beim Essen erzählte Carlotta von ihrer Fortbildung, er hatte sie bei dem Autokonzern in Moabit vermutet. Der Trainer, Ferdinand, sei wie immer wunderbar lakonisch aufgetreten, neben der Vermittlung kreativer Techniken eine Schule des Lebens.

»Manchmal braucht man Input.« Sie ließ das Weinglas kreisen. »Dann platzt ein Knoten.«

Oder man muss ihn durchschlagen, dachte er und erschrak.

»Ich war in einer Sackgasse, wenn Männer ihre Hahnenkämpfe aufführen. Jetzt lass ich sie was malen. Morgen bei den Autoleuten geht es los.«

»Malen?« Er wollte sich nicht vorstellen, wie die Ingenieure auf den Vorschlag reagierten, ihren Konflikt mit Hilfe von Buntstiften beizulegen. Er selbst hätte sich schlankweg verweigert. Carlotta lebte in einer anderen Welt. Eine ihrer Kolleginnen vollführte zum Abbau von Ärger regelmäßig etwas, das mit »Ekstase-Tanz« bezeichnet war, eine Vergnügung, bei der sie sich inmitten einer Gruppe der Kleidung entledigte, dem Vernehmen nach sodann mit dem Hinterteil auf den Fersen wippte und wilde Schreie ausstieß.

»Was lachst du?« Carlotta legte ihre Hand auf seine und warf die Lippen auf.

Er empfand, Carlotta war in letzter Zeit häufig von Freundlichkeitsattacken heimgesucht, die einen Ehemann ins Grübeln bringen konnten. Jedenfalls dann, wenn die Ehe ansonsten so lief, wie sie jetzt lief. Aber im Moment rückte ihm der dritte Affe nicht nah.

»Was lachst du?«, wiederholte sie und leckte über ihre Unterlippe.

Wenn er jetzt das Wort Ekstase-Tanz erwähnte, verriete er sich. »Ich hab an Ressow gedacht. Das mit den Blumen hast du gut hinbekommen.«

»Freut mich«, Carlotta hielt seine Hand weiter fest.

»Ehrlich gesagt«, kam es über ihn, Ekstase-Tanz mochte ein heruntergeschlucktes Wort zu viel sein, »ich hab an deine Kollegin Cordula gedacht.«

»Wie kommst du auf die?«

»Kreative Techniken, das war das Stichwort.«

»Verstehe ich nicht.«

»Mir ist ihr Ekstase-Tanz einfallen.«

»Damit willst du meine Arbeit vergleichen?« Carlotta behielt ihre Hand jetzt für sich.

»Vergleichen ist das falsche Wort.«

»Und was ist das richtige?«

»Ach, Carlotta.«

»Du machst mich runter und sagst dann ›Ach, Carlotta‹. So geht das nicht.«

»Ich weiß, du bestimmst. Wie immer.«

»Was ist denn das für ein Rundumschlag? Sag doch sofort, wenn dir was nicht passt.«

»Um dann andauernd in solchen Gesprächen zu stecken?«

»Andauernd passt dir was nicht, ich verstehe.«

»Du siehst doch, das bringt nichts.«

»Weil du alles zu lange in dich reinfrisst. Weil du alle Probleme im Bett zu lösen versuchst. Du musst sprechen, Marquard. Kannst du das nicht verstehen?«

»Doch, aber du verstehst nichts. Wie sonst auch.«

Carlotta schwenkte die Handtasche, er dachte: Jetzt schlägt sie nach mir. Aber die Handtasche landete auf Carlottas Schulter, drehte Carlotta herum, die von ihm wegmarschierte und ein: »Mir reicht es!«, hinter sich rief.

Veronika klingelte, kaum war er in Ressow angekommen. Bei der Seide bewegte sich die Gardine. Wer ist da, wer fährt wohin, jeder wusste alles mittels versteckter Zeichen, die nur von den Ressowern zu entschlüsseln waren, von ihm jedenfalls nicht. Es gab eben nicht viel zu sehen im Dorf, da waren die Nachbarn wichtig, als Gesprächsthema und auch sonst, ein Netz, das unter ihnen federte, auch wenn vereinzelt Stellen aus harten Fasern geknüpft waren. Unter ihm federte nichts.

»Ich wollte fragen, was mit dem Verein ist«, leitete Veronika scheu ein. Sie roch nach etwas, das zu den weißen Zähnen passte, am ehesten wohl Seife. »Wir müssen anfangen, Spenden zu sammeln wegen der Feier.« Der Art nach, wie sie sprach, traute Veronika ihm zu, die Sache voranzutreiben zu können.

Tatsächlich wollte die Zeit genutzt werden. Der Sommer verlor schon wieder Kraft, bald holte sich der Herbst den Rest, Weihnachten raste auf sie zu – und mit ihm die erste Feier. Das Wort barg Potential, gemischtes, nach seinen bisherigen Erfahrungen. In jedem Fall war Geld einzusammeln, eine Vereinsstruktur musste her.

»Ich fass beim Gericht nach. Notfalls fahr ich da hin«,

sagte er, und Veronika reagierte mit »Genau.« Ihr Busen verzog das Muster ihrer Strickjacke. Es wirkte mütterlich bei ihr.

»Wie laufen die Geschäfte?«, fragte er und dachte: Mir könnte auch mal was anderes einfallen als der Beruf.

»Ich hab gelesen, dein Konkurrent schwächelt.«

»Schwächelt ist gut. Pleite ist der.«

»Profitierst du davon?« Er sollte mit den Fremdwörtern besser haushalten.

»Ich hätte die Niederlassungen günstig kaufen können«, sagte sie da schon.

»Hätte? Warum machst du es nicht?«

»Nee, nee. Dann hab ich nix wie Schulden, nur noch Arbeit und keine Zeit für die Kinder. Am Schluss krieg ich es noch an den Nerven.«

Mit Mühe gelang es ihm, sich zu bremsen, den Begriff »marktbeherrschende Stellung« zu unterdrücken. Wenn sich hier ein Westunternehmen ausbreiten wollte, käme es um Veronika Naumann nicht herum, übernahm sie den Konkurrenten. Sie müssten ihr die Übernahme anbieten, Veronika hätte ausgesorgt. »Du könntest aber das große Rad drehen.« Das wenigstens musste er loswerden.

Was sie davon haben solle. »Jetze«, meinte Veronika, »führ ich ein gutes Leben. Ich komm mit dem Geld aus und bin zufrieden. Großes Rad, nee, nee.« Sie blickte ihn an, so aufmunternd, als habe er eine Chance verpasst, nicht sie.

»Bei uns im Westen würden sich alle die Finger nach so einer Gelegenheit lecken.« Er wollte sie nicht überreden, nur die Wunschlosigkeit erklärt bekommen.

»Ihr seid eben anders.«

Die Affen. Heute erhielt er erste Resultate. Eine bewusst kleingehaltene Versuchsserie, hoffentlich fielen die Ergebnisse eindeutig aus, damit er wagen konnte, in einer breiteren Reihe zu testen. Die Affen mussten maximal geschont werden.

Er hängte den nassen Trench in den Schrank, blödes Kleidungsstück. Jetzt sofort ins Labor. Klöpper abhängen.

Sandra war noch da, noch. Sie verzog das Gesicht, ein Lächeln mit zusammengekniffenen Lippen, die Augen fragend.

Sie erließen sich beide den Gruß, es fiel auch sonst kein Wort. Einen Glasträger nach dem anderen kontrollierte er, stellte das Mikroskop scharf, schaltete zusätzlich die Tischlampe an. Sandra stand in der Nähe, nicht nah, aber nah genug, um anzunehmen, sie wünschte, die Präparate beeinflussen zu können. Das Ergebnis entsprach Sandras Mimik von vorhin: Nicht gut, aber auch nicht katastrophal. Der Wirkstoff war durchgekommen, aber nicht in ausreichender Konzentration. Immerhin hatte die Blut-Hirn-Schranke den Wirkstoff passieren lassen und war intakt geblieben. Keine Spur von Zerstörung, er prüfte noch einmal genau. Sie würden die Reisefreudigkeit des Trägerstoffs in kleinsten Einheiten verändern und einen neuen Testlauf durchführen.

»Der Thermocycler muss es jetzt richten.« Sandra stand da mit verschränkten Armen. »Den lern ich ja nicht mehr kennen.«

Jetzt wäre der Moment, noch einmal Einfluss zu nehmen, ihr zu sagen, sie solle nicht weggehen, aber er ließ ihn vorbeiziehen. Er hatte nichts anzubieten. Nicht einmal er selbst reichte. Ihr fehlte zu viel, wenn sie bliebe. Ohne ihn, aber auch mit ihm.

Endstationen

Als der Wecker um halb fünf seinen Tiefschlaf abhackte, musste er das Wort »Schlachten« aufrufen, um sich zu orientieren. Carlotta brummte neben ihm und drehte sich auf die Seite.

»Schlachten«, sagte er leise zu ihr und sie setzte sich auf.

Kalt würde es werden. Die Wiese auf der anderen Straßenseite war mit Raureif überzogen, auf der Dorfstraße hatten Reifen dunkle Spuren hinterlassen. Er zog dicke Wollsocken über, damit seine Füße in den Gummistiefeln nicht abstarben. Gespannt war er, Carlotta hatte ihn sofort gepackt mit ihrem Einfall, bei Volkmanns einzuspringen. Zum ungezählten Mal war ihr das Herz ausgeschüttet worden, in diesem Fall gehörte es Gaby Volkmann und war mit dem Fehlen von zwei Schlachthelfern gefüllt.

Carlotta brühte Kaffee auf. Er schnitt sich eine Scheibe Brot ab, halbierte sie, klemmte ein Stück Käse dazwischen und begann zu essen.

»Wir müssen«, Carlotta klopfte auf ihre Uhr, hielt inne und verwandelte die Bewegung in ein Streichen. »Fünf Uhr haben sie gesagt.«

Er trank den Kaffee aus, biss in sein Brot und folgte ihr.

Der volkmannsche Hof hatte der Zeit standgehalten. Die hölzernen Stalltüren, der Misthaufen, dessen Geruch er nie vergaß, nachdem Bauernkinder im Sauerland ihn hineingestoßen hatten, die misstrauischen Katzen. Nur die Hühner fehlten, sie würden sich vor dem, was kam, in Sicherheit gebracht haben. Er verstand das gut. Über dem Hof lag etwas, eine Art feierlicher Ernst. Der Schlächter lehnte in einer weißen Gummischürze an der Schlachtbank und drückte seine Zigarette aus. Er sah auf die Uhr, als startete er einen Countdown. Nach dem Handschlag sagte er: »Es geht los.«

Tiere zu benutzen, das war ihm selbst nicht neu. Seine Versuchstiere bekamen kranke Zellen injiziert, an denen sie sterben konnten. Geschah dies nicht, wurden sie getötet, wenn die Versuche abgeschlossen waren. Er lebte mit dem, was sie Verbrauch nannten. Hier lag über dem Töten eine andere Stimmung, keine schlechtere, eine unmittelbarere. Nichts distanzierte, kein Labor, kein Kittel, keine sterilen Spritzen. Marquard stand da in seiner alten Daunenjacke und den Gummistiefeln, das Pflaster des Hofs drückte in die Sohlen. Dann öffnete sich die Stalltür und der Bauer führte das Schwein auf sie zu. Mit einer langsamen Bewegung nässte er dem Tier den Kopf, alles blieb ruhig, der Schlächter trat mit der Elektrozange auf das Schwein zu, es kreischte auf – und riss sich los.

Der Schlächter fluchte laut über die Elektrozange, das Scheißding funktioniere nicht, ausgerechnet heute.

Marquard bezog den Zusatz auf ihre Anwesenheit. Zeit nachzudenken blieb nicht, das Schwein kreischte pausenlos, als der Schlächter zu einem zweiten Versuch ansetzte, der auch erfolglos blieb.

»Plan B«, brüllte der Mann.

Die Bäuerin holte das Bolzenschussgerät und eine Axt, deren Anblick Carlotta ein erschrockenes »Marquard« entlockte, sie steckte den Kopf hinter die Stalltür. Auf einmal, dachte er.

»Herkommen«, schrie der Schlächter ihm entgegen, platzierte das Schussgerät auf die Stirn des Schweins und drückte ab. Das Tier fiel um.

»Sitzt! Du hinten«, er winkte ihn mit dem Kopf heran und stach dem Tier in den Hals. »Draufwerfen!«

Unter Marquard bäumte sich das Schwein auf, dessen Vorderlauf vom Bauern auf und ab bewegt wurde, während die Bäuerin mit einer Schüssel vor dem Tier kniete und das ausströmende Blut auffing. Das Schwein bot seine letzte Kraft auf, erstaunlich groß war sie noch, es wollte aufstehen. Ist bald vorbei, dachte Marquard.

Dann war es still.

»Rühren«, rief die Bäuerin Carlotta zu, die hinter der Stalltür hervorschaute, nachdem der Ruf »Sitzt!« erklungen war.

Carlotta rührte im Blut, als hätte sie nie etwas anderes getan. Es wirkte konzentriert, geradezu andächtig.

»Hochheben.« Der Schlächter hatte hier die Befehlsgewalt, Bauer und Bäuerin mussten folgen, ob es ihr Hof war, ihr Tier, das alles war unwichtig. Er selbst hatte ohnehin ins Glied zurückzutreten, das ging in Ordnung. Einer musste das Sagen haben, und zwar der, der die Verantwortung für den Ablauf trug. Auf das vom Schlächter gerufene »Drei«, hoben sie gemeinsam das tote Tier auf die hölzerne Schlachtbank.

»Jetzt ist nur er dran«, sagte die Bäuerin mit einer Kopfbewegung zum Schlächter.

Der nahm ein Messer und schälte zu Marquards Erstaunen dem Schwein die Augen aus dem Kopf, die er in eine dunkle Ecke warf. Erst dann begann er, die Borsten weg zu flämmen und das Tier mit heißem Wasser zu überbrühen.

»Warum hat er das mit den Augen gemacht?«, fragte Marquard. Von dem toten Schwein stieg Dampf in die aufziehende Dämmerung.

»Alter Brauch«, antwortete die Bäuerin. »Die Augen kommen als erstes raus, damit einen das Schwein im Jenseits nicht wiedererkennt.«

Die Wärme, die das Hackfleisch abgab, das Gaby Volkmann ihnen abgefüllt hatte, drang durch den Boden der Tupperdose. Vielleicht war Marquard auch zu viel Kälte in die Knochen gedrungen, und alles wirkte warm im Vergleich. Auf dem kurzen Weg nach Hause schmerzten die Füße. Dreizehn Stunden hatten sie in der Novemberluft gestanden, Fleisch abgewogen, im Schmalz gerührt, in der Topfwurst, die wie ein Brei aus Blut und Knorpel im Kessel der Wurstküche brodelte.

»Hätten sie dem Schwein mit der Axt den Schädel gespalten, wenn das mit dem Schießen nicht funktioniert hätte?« Carlotta lief neben ihm her und schlug die Hände gegeneinander.

»Nein, wenn der Schuss nicht richtig gesessen hätte, wär die Axt eingesetzt worden, um das Schwein endgültig zu betäuben. Ich hab den Schlächter gefragt.«

»Ich hatte richtig Angst.«

»Wovor? Sterben musste es, deshalb waren wir ja da.«

»Ja, aber das Gehirn hätte spritzen können, oder das Schwein schreien, oder es wäre weggelaufen, halbtot.«

Auch ihm hatte der Anblick der Axt Unbehagen bereitet. Durch die Antwort des Schlächters: »Wir schlagen mit dem stumpfen Ende«, hatte er die Sache abgelegt. Nun war das Schwein nicht nur tot, sondern zu Materie mutiert. Der Hackepeter in der Dose wollte verarbeitet werden, morgen holten sie Fleisch bei Volkmanns und nächste Woche die geräucherte Wurst. Carlottas vermeintliche Tierliebe kam zu spät. Sie weinte Krokodilstränen. »Du wolltest doch schlachten«, sagte er, ob das sinnvoll war oder nicht.

»Und dann noch das mit den Augen«, gab sie unbeeindruckt zurück.

Ihn ließ die Sache mit den herausgeschälten Augen auch nicht los. »Hast du den Grund hierfür mitbekommen?«

»Ja, ich habe Volkmanns so einen Aberglauben aber nicht zugetraut. Die sind doch in der DDR sozialisiert, ein säkularer Staat.«

Für ihn hatte der erlebte Ritus nichts mit Glauben oder Aberglauben zu tun, wobei er die Grenze beider Begriffe als fließend ansah. Niemand glaubte ernsthaft, das heute getötete Schwein begrüßte sie in einem wie auch immer gearteten Jenseits als Mörder, hätte man ihm die Augen gelassen. Er wertete den Brauch als Mahnung, sich bei den Dingen, die man tat, zu fragen, ob man einstehen konnte für sie.

»So ein Schlachtvorgang hat etwas Archaisches«, antwortete Carlotta darauf und suchte in ihrer Jacke nach den Schlüsseln.

Sein irrwitziger Wunsch: Sie soll die Schlüssel nicht finden.

»Junge, von dir hört man auch gar nichts.« Damit begann die Mutter das Telefonat.

»Viel Arbeit«, er hob das zwischen ihren Vorwurf und sich wie ein Schild. Schlechter Einstieg, erkannte er, das

Thema öffnet eine Tür, durch die sie nicht gehen soll.

»Seid ihr denn weiter mit dem Medikament?« Ihre Frage schnitt in seinen Gedanken.

»Unwesentlich.« Er blieb bei der bewährten Technik: Fortschritte im Labor verkleinert schildern, so klein sie auch immer waren. Die Erwartungen schossen sonst ins Kraut, und der Druck nahm zu.

»Papa macht auch kaum noch Fortschritte.«

Er ließ das »auch kaum noch« links liegen, erleichtert über den Themenwechsel. »Wie geht es denn?«, fragte er, besorgt wegen der Antwort. Es mochte zwei Monate her sein, dass er die Eltern besucht hatte, von Ressow aus für eine Nacht. Der Vater besser durchblutet als im Krankenhaus, die Augen klarer. Aber sein Mund kaum weniger verzogen, das Sprechen immer noch undeutlich. Beim Gehen hing er über einem Rollator, dieser erniedrigenden Gehhilfe, die überall im Straßenbild auftauchte und selbst den Aufrechtesten beugte.

Die Mutter beschrieb den beschwerlichen Alltag. »Mein Rücken.«

»Nehmt euch mehr Hilfe, bezahlen könnt ihr es doch.«

»Wie sollen wir jemanden finden?«

Rosalie. Half Rosalie bei der Suche, entlastete die Mutter das mehr, als wenn er sich einbrachte. Er erwähnte Rosalie jedoch nicht, es konnte als Vorwurf verstanden werden, den er nicht erhob. Was konnte die Mutter dafür, wer ihr nahestand und wer nicht. Er bot an, sich beim nächstgelegenen Krankenhaus für die Eltern nach einer Pflegeperson zu erkundigen. Dass die Mutter ohne weiteres selbst telefonieren konnte, war ihm bewusst, aber nicht relevant. Sein Angebot fühlte sich an wie aus freien Stücken und damit gut. Freiwillig machten sich Zugeständnisse leichter.

Die Mutter war dankbar, er ließ sie reden, er fand, es stand ihm jetzt zu, alles laufen zu lassen wie immer. Dann und wann gab er einen zustimmenden Ton von sich, sie verabschiedeten sich und er legte auf. Ich müsste häufiger ja sagen, aber mit Überzeugung wie eben, und auch mehr nein, wenn ich so empfinde, sagte er sich. Im Berufsleben fiel ihm beides leichter. Wo die Ordnung ihm einen Platz zuwies, der Sicherheit gab, von dem niemand weglaufen konnte, auch nicht er selbst.

Carlotta war zu einem Vertiefungsseminar aufgebrochen, bei Ferdinand mit seinen Kreativtechniken. Es fand in der Nähe von Hannover statt, sie wollte die Fortbildung mit einem Besuch bei ihren Eltern verbinden. Vertiefungsseminar bei Ferdinand. Ihm klang noch ihr schwärmerischer Ton vom Sommer im Ohr.

Er hatte Carlotta nicht verhört und sie fahren lassen, unterdrückte auch den Satz: Was ist los, du bist in letzter Zeit so freundlich.

Seit gestern war auf dem Anrufbeantworter ihre Nachricht, mit der sie sich schon für ein Uhr ankündigte.

Die Glocke des Kirchturms erinnerte, wie stets zur vollen Stunde, blechern an die Zeit. Zwölf Uhr. Carlotta traf bald ein. Er konnte ihr etwas zur Begrüßung in die Vase stellen, nur worum ging es dabei. Sie ins Boot zurückzuholen, sollte sie ein Bein über Bord gehalten haben oder sogar mehr? Eine Stimmung zu halten, die sich doch wandeln sollte? Ihr schlicht eine Freude machen, freiwillig, wie gestern der Mutter? Nichts davon passte.

Am wenigsten das Wort »freiwillig«. Dennoch ging er hinaus in den Hof. Selbst dort im Schutz der Backsteinmauern blühten nur ein paar Hortensien, nichts mehr sonst. Sie hatte der Frost noch geschont, bevor er die letzten Blüten in braunes Papier verwandelte.

Ausgerechnet Hortensien. Verbraucht durch die Bretagne-Reise mit Maria. Er hatte damals die Dämmerung genutzt, um in dem blauen Blütensaum, der die Kirche einfasste, Dolde um Dolde abzubrechen. An einer Kirche Blüten klauen, das passte zu Maria und ihm. Mit Religion hatte die Idee nichts zu tun, vielleicht mit Glauben, aber nicht den an Gott. Das Blütenbündel hatte er vorsichtig vor dem Bett ausgekippt, sehr sanft, damit er den Blüten nicht schadete. Einzeln hatte er sie um Maria drapiert, bis sie in einem Bett aus Blüten lag. Gewartet hatte er, sie nur angeschaut und gewartet. Ihr Blick hatte sich in seinen gesenkt und ihm reichte es so. Erst als Maria eine Fingerspitze reckte nach ihm, zog er sie herunter vom Blütenbett ins Irdische, das nie nur irdisch blieb. Sie überkreuzte die Arme hinter dem Kopf. Er nahm das Seidentuch, von ihr achtlos fallengelassen, und schlang es um die sich kreuzende Stelle, verband sie mit dem Fuß des Betts. Ein kleines Strecken nach oben, Maria hätte sich frei machen können, ganz leicht. Aber sie bewegte den Körper weg von der Seidenschlinge, zog so selbst fest und er verstand, dass sie vertraute, ihm alles anvertraute, auch sich selbst. Als Antwort war er bei ihr, so wie bei sich. Jede Bewegung wollte sie tragen. Er war angekommen, wie man nur ankommen konnte. Irgendwann band er sie los. Damit sie den Kopf nah an seinen brachte, wie stets am Schluss. Als Zeichen, dass sie doppelt verschlungen waren.

Er riss eine Hortensie ab und zerrieb die welkenden Blüten. Niemandem hätte er geglaubt, der ihm das Ende erzählt hätte.

Ihm wurde kalt in der klammen Luft. Er hatte den Vormittag damit zugebracht, einen trockenen Pflaumenbaum abzusägen. Nun nutzte er die Zeit bis zu Carlottas Ankunft, den Stumpf aus dem Boden zu graben, hieb mit der Axt die Wurzeln im Erdreich ab. Es war erstaunlich, wie viel Kraft das Wurzelwerk darauf verwandte, den längst abgestorbenen Baum festzuhalten. Das tote Holz flog auf den Scheiterhaufen, der immer mehr anwuchs.

Am späten Mittag stand Carlotta im Garten, er hatte sie nicht kommen hören. »Richtig, dass der tote Baum weg ist, gut, Marquard«, ihre erste Bemerkung, noch bevor sie ihn begrüßte. Sie sprach langsamer als sonst.

Ihr Lob wirkte bemüht, auch wenn es einen Hintergrund hatte. Mehrfach hatte sie erwähnt, ein Baum müsse, wenn schon keine Früchte tragen, doch mindestens grünen, oder er gehöre abgehackt. Er hatte versucht zu ergründen, ob sich in Carlottas Satz eine Metapher versteckte, aber er war gescheitert.

Carlotta machte einen angeschlagenen Eindruck, das langsame Sprechen, die Augenringe, die hängenden Schultern. Als strenge sie alles an. Von der Fahrt war sie sicher nicht erschöpft. Die Zeiten, in denen sie den Wagen bis zum Anschlag ausgefahren hatte, um so schnell wie möglich bei ihm zu sein, waren lange vorbei. Dass Carlottas Eltern sie ausgelaugt hatten, war auszuschließen, eine abwegige Idee, die mehr von ihm sprach als von ihr. Die Koketterie, die in Carlottas Klage lag, nachdem die Eltern ihre Ankunft in Hannover mit dem Aufgehen der Sonne verglichen hatten, bewies, die Sonnenfrau fühlte sich zwar leicht eingeengt, zugleich aber erkennbar aufgewertet. Ob das Seminar der Grund für ihr niedriges Energielevel war? Konnte seine Frau sich mehr versprochen haben von diesem Ferdinand, und besagter Ferdinand hatte das nicht eingelöst? Er sah Carlotta nach, wie sie ins Haus ging, und war sich nicht sicher, ob er beunruhigt war. Und wenn sie meinetwegen müde ist? – schoss ihm durch den Kopf.

Es begann zu regnen und er lief Carlotta hinterher.

Er fand sie am Fenster im Wohnzimmer. Neben der Dorfstraße sammelte sich das Wasser zu einem Bachlauf, die Gärten verschwanden hinter einem nassgrauen Vorhang. Er folgte Carlottas Blick ins Nichts, suchte nach Einfällen, um hier hinauszukommen, weg von dem Regen, der Stimmung, wovon auch immer.

»Wir könnten nach Berlin fahren und heute Abend mit Dreulings essen gehen«, schlug er vor und fühlte sich wie in einem von Carlottas Rollenspielen.

»Die können doch nicht aus dem Haus wegen Jan.« Carlottas Ton resigniert.

»Ich ruf an, vielleicht haben sie ja eine Idee.« Immer noch war das Spiel im Gange.

Als Carlotta schwieg, wählte er die Nummer von Dreulings.

Heike reagierte aufgeschlossen: »Wir versauern hier langsam.« Sie merkte nicht einmal an, dass er es war, der anrief. Die halbwüchsige Tochter einer Nachbarin würde nach den Kindern sehen.

Er hatte letztens in der Zeitung vom Brecht-Keller an der Chausseestraße gelesen, es wäre was anderes.

»Chausseestraße? Das ist ja im Osten«, kommentierte Heike.

»Den gibt es nicht mehr«, tönte Tom aus dem Hintergrund.

Hast du eine Ahnung, dachte Marquard.

Carlotta war besser gestimmt, als sie sich in der Berliner Wohnung wiedertrafen. Auf der Rückfahrt allein im Auto hatte sie ihre Speicher gefüllt, sie freute sich auf Heike. Carlotta schlängelte sich aus dem engen Blazer, zog den Rollkragenpulli über den Kopf und stand vor dem Kleiderschrank, an dessen Türen sie sich festhielt. Er beobachtete von der Bettkante aus, wie ihr Blick durch die Kleiderbügel blätterte, sie sich auf die Zehen stellte, als gäbe es in den oberen Fächern ein Geheimnis. Sie senkte die Fersen, nahm mit einer schnellen Bewegung das schwarze Wollkleid mit den Strickärmeln heraus und warf es mitsamt dem Bügel aufs Bett. In diesem Kleid hatte sie ihm immer gefallen, besonders dann, wenn sie den Mund leuchtend rot dazu anmalte. Er wünschte sich, sie hätte die Wahl für ihn getroffen, nur so war es nicht. Dafür stand sie zu gleichmütig in ihrer schwarzen Wäsche neben ihm und kramte in der Schatulle mit Schmuck. In ihrem Nacken noch Spuren der Bräune, die der Sommer als leicht dunkles Oval hinterlassen hatte. Die Vorstellung, ein anderer striche über Carlottas Schultern, streifte die Träger des Spitzenhemdchens herab, machte sich an ihrem BH zu schaffen, an seiner Frau, betraf ihn, aber auf eine unwirkliche Weise. So, als stünde sie auf einer Bühne, er sähe ihr zu, weswegen es gelang, Abstand zu wahren zu dem, was geschah. Jedenfalls blieb der Impuls klein, sie an sich zu reißen, aufs Bett zu ziehen, du gehörst mir zu denken. Es reichte nur dazu, dass er seinen Mund in die Mulde legte, die die beiden Muskelstränge in ihrem Nacken bildeten. Sie drehte sich um und legte die Arme um seinen Hals, aber die Geste war neutralisiert, als wären Zuschauer anwesend. Es war nicht erforderlich, dass sie sagte: Ich gehe noch unter die Dusche. Oder: Wir müssen gleich weg. Sie lösten beide die Umarmung schnell wieder, fast gleichzeitig.

Als sie im Bad verschwand, nahm er sich vor, sie mit Verdächtigungen nicht länger zu verfolgen.

Es war Sandras letzter Tag in der Firma. Er war abgelaufen wie jeder andere Arbeitstag, nur, dass sie öfter als sonst in sein Büro kam, um noch das eine oder andere mit ihm zu besprechen. Jetzt war es drei Uhr, sie klopfte wieder, trug ein paar Schnellhefter bei sich. Letzter Akt, dachte er. Sie legte ihm die Papiere auf den Schreibtisch mit der Zusammenfassung sämtlicher Ergebnisse der letzten Monate und einer Auflistung der nächsten Schritte.

»Danke«, sagte er.

»Bitte«, antwortete sie. Nebenan stünde jetzt alles bereit für die Abschiedsfeier.

Er trat ein in den mit einem Blumenstrauß aufgehübschten Raum, die Frauen entfernten gerade die Klarsichtfolien von den Edelstahltabletts. Berger öffnete die erste Sektflasche und hielt sie ihm hin, Einschenken als Chefsache. Er wehrte ab, wies die Flasche mit einer lockeren Geste Berger zu, der die Gläser füllte.

Heute trank er ausnahmsweise am Vormittag ein Glas Sekt mit. Es sollte nicht wirken, als sei er beleidigt wegen

Sandras Weggang, und war es auch nicht. Er bedauerte Sandras Wechsel nach München, weil er sie schätzte, sie mochte, er sich auf sie verlassen konnte, sie sich ohne große Worte verstanden. Dass Sandra alles aufgab, das Team verließ, ihn verließ, nur weil er der war, der er nun einmal war – er musste es hinnehmen.

Die anderen griffen zu ihren Sektgläsern.

»Worauf wollen Sie anstoßen, Frau Hauffe?« Er hob endlich auch das Glas. Für sie musste die Frage herausfordernd klingen, wenn nicht süffisant, dabei wollte er ihr nur Gelegenheit geben, ihre Wünsche für die Zukunft zu äußern.

»Nicht auf mein Weggehen, falls Sie das meinen.«

»Hab ich nicht gemeint«, versuchte er zu retten. »Worauf freuen Sie sich?«

»Auf das Ankommen.« Sie hob ihr Glas in seine Richtung. »Ich sage prosit auf die Forschung.«

Es möge nützen, dachte er, prosit, sie hatte es sicher so gemeint.

Er klopfte an sein Glas, kam sich dabei zu förmlich vor und sprach ein paar Worte der Würdigung. Die Ziegenkranz hatte das Geschenk parat gelegt, lederne Fahrradhandschuhe, ähnlich denen, die Carlotta beim Autofahren trug. Sandra hatte wohl einmal geäußert, sie sich zulegen zu wollen. Mit schlangenhafter Geschmeidigkeit hatte die Sekretärin die richtige Größe ermittelt. Ihm wäre außer einer direkten Frage keine Taktik eingefallen. Er übergab die in teures Braun verpackten Handschuhe mit der Karte, die sie alle unterschrieben hatten. Sandra packte ihr Geschenk aus wie ein Kind, streifte die Handschuhe über, sie passten natürlich. Sie strich mit der einen Hand über die andere. Als sie aufsah, flackerte in ihrem Gesicht eine kurze Traurigkeit. Sandra schüttelte den Kopf, ihr Pferdeschwanz flog noch einmal, sie breitete die Arme aus und sagte »Danke, an Sie alle.« Aber ihn sah sie dabei an.

Einige Canapés und ein weiteres Glas Sekt später verabschiedete Marquard sich.

Er ging auf Sandra zu und nahm sie in den Arm. Das war er ihr schuldig, wohl auch sich selbst. Mochten die anderen denken, was sie wollten.

»Danke«, sagte Sandra gegen seine Brust.

Er gab sie frei und spürte eine Enge in der Kehle.

Zu seiner Überraschung stand in Ressow Carlottas Wagen vor dem Haus. Er hatte mit ihr erst am späten Abend gerechnet. Aus beiden Fenstern zur Straße drang Licht. Er fasste im Vorbeigehen an die Motorhaube, nur um zu wissen, ob sie schon lange da war oder nicht. Das Blech war warm, aber nur wenig, der Motor hatte Zeit zum Abkühlen gehabt.

Carlotta kniete vor dem Weichholzschrank im Esszimmer, das Geschirr stand auf dem Tisch. Sie trug einen kirschroten Overall, Arbeitskleidung, die er an ihr kannte, aber wie sie aufgemacht war, mit den Perlenohrringen, den frisierten Locken, passte sie in eine Reklame für Zigaretten oder guten Scotch. Anregend.

Sie hebelte mit dem Schraubenzieher an einer Lack-Dose herum und bot ihm flüchtig den Mund. »Ich dachte, du hast eine Feier in der Firma und ich kann noch schnell den Schrank lasieren.«

»Bei sowas bin ich immer der erste, der geht, weißt du doch. Wo kommst du schon her?«

Ihre Techniken, so hörte er, hatten Wunder gewirkt

und ihr zwei Stunden Zeit geschenkt. Das Wort Kreativtechnik vermied sie.

Er nahm ihr die Dose aus der Hand und stellte sie auf den Tisch. Wäre der Overall eine Nummer kleiner und Carlotta trüge Absatzschuhe dazu, ginge sie als Pin-up-Modell durch. Er brauchte nur den Reißverschluss etwas zu öffnen. Dann alles vergessen. Er drängte sich an seine Frau, übte in ihrem Rücken mit der einen Hand Gegendruck aus, die andere fasste an das Metallplättchen des Reißers. Den Zug nach unten nahm er zaghaft vor, millimeterweise, auch wenn er gern schneller vorgegangen wäre. Nur keinen Vorwand zum Neinsagen liefern. Carlotta antwortete uneindeutig, sie lehnte den Kopf leicht zurück, wie um den Verschluss freizugeben, blieb aber bewegungslos und hielt die Augen geöffnet. Er zog jetzt stärker, ihr schwarzer BH wurde sichtbar, er trieb Carlotta vor sich her ins Schlafzimmer, hielt sie dabei fest, sie ging rückwärts, er vorwärts. Sie setzte die Schritte, sonst unternahm sie nichts, auch dann nicht, als er anhielt und ihr in den BH griff, ihre Brust heraushob, die Lippen dahin führte, wo Carlotta es sich immer wünschte. Es sollte weitergehen. Auf dem Bett ließ sie es sich gefallen, dass er ihr den Slip abstreifte, den BH auszog und sie unter sich nahm. Dann schwappte alles über ihn, pulste in ihm, viel zu schnell, viel zu heftig und spülte ihn allein in den Raum, durch den Carlotta und er sonst gemeinsam gingen.

Das Denken setzte wieder ein, als sich sein Gesicht an Carlottas Hals fand. Er hatte keinen halben Gedanken für sie erübrigt und blieb mit dem schlechten Geschmack zurück, sich letztlich abreagiert zu haben an seiner Frau.

Dass die Zeiten vorbei waren, in denen er oder sie jedes Tempo vorgeben konnten, hatte er vorher gewusst. Sein Puls beruhigte sich nur langsam. Er nutzte die letzten hastigen Atemzüge, um Carlotta über den Bauch zu streichen, die Hand nach unten gleiten zu lassen, sie anzuhalten, seinen Kopf zu heben als Frage.

Carlotta atmete gleichmäßig vor sich hin, was den Abstand vergrößerte. Dann sagte sie: »Komm, lass uns aufstehen.«

»Tut mir leid.« Er rollte sich auf die Seite.

»So was passiert, kein Problem.«

Er hätte gern noch etwas gesagt, das sie verbinden konnte, aber da war nichts.

Das Brillengeschäft auf der Rheinstraße existierte schon viele Jahre, er war stets achtlos vorbeigefahren. In letzter Zeit ging ein Signal von den Schaufenstern aus. Das Schild, das auf eine neue Generation Kontaktlinsen hinwies, konnte nicht die Ursache sein, er bemerkte es erst, als er auf die Eingangstür zuging. Es wäre ein Schritt, über die Schwelle zu treten, ein Schritt, der ihn schon jetzt sein Herz spüren ließ. Er versuchte, das Schlagen zu dämpfen, beschwichtigte sich, ihm konnte ja nichts passieren, außer dass er ein paar hundert Mark verschwendete. Dennoch lief er, statt hineinzugehen, nach rechts an der Auslage entlang, begutachtete ohne Ziel die Sonnenbrillen, schlenderte auf die andere Seite der Eingangstür, wo die Brillengestelle lagen, die ihn nichts angehen sollten. Geh rein, sagte er sich, blieb aber stehen. Vielleicht gehörte die Brille doch zu ihm. Oder es half nicht, sie zu verbannen.

Im Café auf der anderen Straßenseite behielt er den

Brillenladen im Blick. Er rührte in seinem Filterkaffee, die wenigen Tropfen Milch waren längst zu einem Mittelbraun vermischt. Er legte den Löffel weg und trank einen Schluck. Sandra, an den Namen wagte er sich heran, er hielt den zweiten auf Abstand. »Die Zäsur tritt ein, wenn du die Brille auf die Nase schiebst.« Jetzt war der zweite Name da und ließ sich nicht abschütteln. Maria. Aus dem Nichts heraus war sie gegangen, hatte nur ein paar Fotos zurückgelassen und Worte, die er nicht verstand. »Für dich bin ich nicht stählern genug.« In sein Entsetzen hinein hatte sie Erklärungen geworfen, die nichts verdeutlichten, sich aber umso mehr einbrannten. Er strahle in der Tiefe etwas Kaltes aus, er bleibe für sich, es gebe keine Verschmelzung.

Keine Verschmelzung, noch jetzt könnte er den Kopf schütteln über die beiden Worte Marias. Für ihn war er verschmolzen mit ihr wie mit sonst niemandem.

Aber er hatte nicht widersprochen, weil er nicht in der Lage war zu reagieren. Wohl als Übersprungshandlung hatte er die Brille abgenommen, sie geputzt – ihm war es vorgekommen, als sähe er nicht mehr klar – und wieder aufgesetzt. »Mit denen«, und Maria deutete auf die Gläser vor seinen Augen, »mit denen schottest du dich ab. Jedenfalls auch. Du führst ein Leben hinter Glas.« Sofort nahm er die Brille wieder ab, sie musste doch sehen, er war bereit sich zu ändern, wenn sie bliebe, nur bliebe. »Nein«, sagte sie, »setze sie wieder auf, ich glaube nicht dran.« Dann warf sie den Seesack über ihre Schulter, heimlich musste sie ihre Habseligkeiten aus seiner Wohnung hineingepackt haben, ein weiterer Schock, und war gegangen. »Gruß von der Tankstelle«, hatte sie böse in den Türspalt gerufen, bevor das Schloss zuschnappte. In der Nacht hatte er vor ihrem Haus gestanden bis morgens um sieben, ohne Brille und ohne Hoffnung.

Er trank noch einen Schluck, aber der Kaffee schmeckte nicht mehr.

»Unsere Beziehung ist für mich wie eine Tankstelle.« Sein argloser Satz, Monate vor ihrem Weggehen, hatte wohl alles zerstört. Sie lag dicht bei ihm, ein Bein über seine gewinkelt und wollte unbedingt wissen, wie er ihre Verbindung beschreiben würde. Er legte ihre Hand auf seinen Kehlkopf, wie oft, wenn er von sich sprach, damit sie fühlen konnte, dass etwas aus ihm drang. »Tankstelle?« Ihre Nachfrage mit dem Wegziehen der Hand hätte ihn alarmieren sollen. »Ja, genau«, bekräftige er leider. Sie stand auf, aber nach einer Pause, sodass ihm nichts aufgefallen war.

Ja doch, sein Bild war verrutscht, sprach davon zu benutzen, sich vollzusaugen und mit der genommenen Energie das Weite zu suchen. Gemeint war, beieinander Kraft zu schöpfen für das, was das Leben abverlangte, für eigene und gemeinsame Wege. Warum nur blieben sie beide an die eigene Sicht des Satzes gekettet. Wo sie sich doch immer verstanden hatten.

Er sah zu dem Brillengeschäft hinüber. »Gruß von der Tankstelle.« Wie sie den Satz durch den Türschlitz gezischt hatte. Jeder Impuls zu kämpfen erstickt. Er war nicht aufgesprungen, nicht hinter ihr hergelaufen, er war stumm zurückgeblieben, weil er gespürt hatte, der Raum zwischen ihnen war schalldicht geworden.

Der Versuch, ihr zu schreiben, wie jemand, der eine Krankheit behandelt, obwohl er weiß, er wird daran sterben. Sein Papierkorb füllte sich mit Bällen aus vergeblichen Gedanken. Dabei hätte er alles gegeben von sich, einfach alles. In der Nacht umarmte er Marias Kopfkissen, um etwas abzugeben von der Schwere, um gleichzeitig sie zu trösten mit einer wiegenden Bewegung. Trotz allem konnte er das Rad nicht zurückdrehen, er hätte verrückt werden können bei dem Gedanken, es drehte sich weiter, ohne Maria.

Nur nahm sie zu viel mit.

Nachdem Maria gegangen war, scheiterte alles. Sein Doktorvater entzog ihm die Unterstützung, mitten in der Arbeit musste er sich einen neuen Betreuer suchen, der Fachbereich postulierte verschärfte Voraussetzungen für das Rigorosum, die ihn wieder in den Hörsaal zwangen, dem er längst entwachsen war. Er geriet schuldlos in einen Verkehrsunfall, der ihn unter das Joch einer Halskrause zwang. Die Liste war lang. Es war, als wäre das Leben selbst von ihm gewichen.

Und nun saß er da vor seinem abgestandenen Kaffee und wusste immer noch nicht, wohin mit sich vor Bedauern.

»Was ist denn los?«, fragte Carlotta Dorrit bei der Begrüßung, »du hast ziemlich aufgelöst gewirkt am Telefon.«

Dorrit trat langsam in den Flur. »Gleich«, sagte sie. »Und du, Carla, geht es dir besser?«

Ihm war verborgen geblieben, dass es Carlotta nicht gut ging. Ihren Zustand als Müdigkeit zu deuten, hatte wohl zu kurz gegriffen. Er trat aus seinem Zimmer.

»Geht schon.« Dabei sah Carlotta Dorrit an, aber ihr Blick galt ihm, so als habe sie die Augen eines Insekts, Facettenaugen, die einen Winkel von dreihundertsechzig Grad abdeckten.

So unbefangen wie möglich begrüßte er Dorrit. Seine Sätze gefüllt mit Belanglosigkeiten.
Carlotta ging ins Wohnzimmer vor.
»Komm mit«, sagte Dorrit überraschenderweise zu ihm.
Sie sank in den Sessel und hielt sich verwundet den Bauch. »Jochen hat jemanden kennengelernt.«
»Jochen?« Carlotta, so erstaunt wie er.
»Ich such eine Wohnung«, dumpf kam das aus Dorrit heraus. »Also wenn ihr was hört ...«
»Wieso das denn?« Ihm hatte ihre Altbauwohnung immer gefallen, Flügeltüren, Stuck wie in der eigenen und zusätzlich ein weit geschwungener Balkon, auf dem sie manchen Sommerabend verbracht hatten. Da hatte sie schon vor der Zeit mit Jochen gewohnt.
»Ich will aus dem Haus raus. Jochen hat eine Beziehung mit unserer Nachbarin angefangen, ihr kennt sie, Maren.«
Maren, der Gegentyp zu Dorrit, hohe Absätze und Netzstrümpfe, statt Jeans und Gesundheitsschuhe.
»Unser Silvester zu viert fällt auch aus.« Dorrit nestelte an einem Taschentuch herum.
Carlotta blieb stumm.
»Gibt ja Schlimmeres. Willst du ein Bier?«
Dorrit verneinte.
»Ich hol mir eins.« Er ging in die Küche, nahm das Bier aus dem Kühlschrank, suchte nach Nüssen, nach einer Schale, rief »oder soll ich Tee machen?« ins Wohnzimmer. Keine Antwort. Er trat auf den Balkon, nahm sein Bier mit, die Nüsse. Jochen und Maren. Kaum zu glauben. Er selbst hatte Maren das eine oder andere Mal hinterhergesehen und ihrer Anatomie nachgespürt. Nie hätte er

Jochen einen Absprung zugetraut, schon gar nicht den zu Maren. Marquard sah in den Dezemberabend, der sich nasskalt vor ihm ausbreitete, trank einen Schluck, griff in die Nüsse, ließ sie in die Schale zurückfallen. Das Fett klebte an den Fingern. Silvester für Jochen und Maren. Ein Ereignis. Den neuen Anfang zelebrieren, mit einem Symbol, das etwas versprach. Wie brachte Jochen nur das Vertrauen auf, es ginge dieses Mal gut. Woher nahm er die Kraft. Wie überwand er die Angst vor der Unsicherheit.

Im Flur hörte er Carlotta sprechen. Sein Bier war leer. Marquard ging zu den Frauen zurück.

»Wir telefonieren, ich wollte euch nur kurz Bescheid sagen.« Dorrit umarmte zum Abschied Carlotta.

Dann standen sie beide allein in ihrem Flur. Bewegungslos, den Blick suchend auf dem Dielenboden, als forschten sie nach Untiefen, in die hinein sie stürzen könnten, machten sie einen Schritt in die falsche Richtung.

»So schnell geht das.« Carlottas Satz löste das Standbild auf, er hätte darin verharren können. Sie ging voraus in die Küche, pflückte ein Blatt von der Petersilie ab, die außer Spaghetti, Knoblauch, Peperoncini, bereitstand um verarbeitet zu werden, aber unangetastet bleiben würde. Sie rollte das Blatt zwischen den Fingern, bis sich grünes Mus bildete. »Meinst du, es lag nur an Maren?«

Als sei er ein Experte für Beziehungsfragen, dabei war sie es, die so viel wusste von den Unterströmungen, die die Schwimmenden aufs offene Meer zogen, sie sich verausgaben ließen ohne die Chance, zurück an Land zu finden. Er wollte etwas sagen, was ihn nicht in einen Strudel riss, was aber immerhin einfühlsam klang. »Probleme werden sie gehabt haben«, sagte er also.

»Sicher haben sie Probleme«, warf Carlotta als Köder aus für ein Gespräch, das er nicht führen würde. »Oder denkst du, wir haben keine?« Sie stellte sich vor ihm auf.

Eigentlich brauchte er nur um Carlotta herum zu gehen und konnte die Küche verlassen. Aber es hinderte ihn etwas, als bliebe ihm entgegen der Physik nicht genug Raum. »Niemand hat keine«, antwortete er mit dem Rücken zur Wand, von der ihn nur die Arbeitsplatte trennte.

»Was denkst du, welche haben wir?«

»Lass das.« Er wäre zurückgewichen vor sich selbst, hätte ihm die steinerne Platte im Kreuz nicht Widerstand entgegengesetzt. »Sag, was du denkst, statt mich in Grenzer-Manier zu verhören.«

Sie trat einen Schritt von ihm weg, aber die Bewegung stellte klar, es war kein Zurückweichen. Ihr Blick nahm ihn auseinander wie ein Lego-Spielzeug. »Verhören sagst du«, sie schleuderte ihm das entgegen, von ihrem Standort aus, der einen Meter entfernt von ihm lag, der aber, obwohl sie kleiner war als er, an der Decke zu liegen schien. »Was du verhören nennst, ist der Versuch, dir etwas zu entlocken.«

»Du irrst.« In der Küche lag jetzt alles unter Frost, mochten die Temperaturen weiter fallen. Es kam nicht mehr drauf an. »Würdest du deine vielgerühmte Hebammentechnik anwenden, dann würdest du Fragen stellen, mich mal eine Antwort finden lassen. Aber du fragst, damit ich antworte, was du hören willst.« Er sprach so langsam, als sei nun er dran mit dem Vernehmen.

»So geht es nicht weiter, Marquard.«

»Da stimme ich dir zu.«

»Marquard, hier hat sich alles verhärtet. Wir berühren uns kaum noch, merkst du das eigentlich?« Ihr Tonfall verändert.

»Du hast es doch so gewollt.«

»Das meine ich nicht. Immer spielst du auf Sex an. Ich meine Zärtlichkeiten im Alltag. Und einen inneren Austausch, der Geist und Körper erreicht.«

Er schwieg.

»Warum bist du so, Marquard?«

»Alle sind so.«

Sie öffnete den Mund, schloss ihn wieder, sagte schließlich: »Lass uns irgendwo Hilfe suchen.«

In keinem Fall Ehetherapie, dort liefe es nach Carlottas Spielregeln, bei denen er zu kurz kam. Sie würde parlieren, argumentieren, sich als offen darstellen und er wäre einmal mehr der verblockte Mann, der den Mund nicht aufmacht. Nicht nur seine Ehe wäre ruiniert, sondern zusätzlich drosch er mutwillig auf sein Selbstbewusstsein ein, das genug eingesteckt hatte. Er kannte kein Paar, bei dem diese Schlammschlacht zu einem auch nur zufriedenstellenden Ergebnis geführt hätte. Sämtliche kinderlosen Paare um sie herum hatten sich getrennt nach einer sogenannten Ehetherapie, und Kinderkitt fand sich nicht im Werkzeugkasten der Familie Hütter. Und überhaupt: Was wollte Carlotta eigentlich noch.

»Siehst du, Marquard, du schweigst, wie immer.«

»So geht es nicht weiter.« Carlottas Satz durchpflügte seine Nacht. Um fünf Uhr gab er auf und fuhr ins Unternehmen.

Auf obskure Weise irritierte ihn heute die Reklameschrift des Ladens in der Perleberger Straße, an dem er seit Jahren vorbeifuhr: Institut für Ehehygiene. Nichts fühlte sich glatt an.

Dazu trug bei, dass er Sandra vermisste. Als sie noch da war, hatte er sich mehr auf die Arbeit gefreut. Mit Sandras Qualifikationen hatte das nichts zu tun. Ihr Nachfolger wertete die Präparate so korrekt aus wie sie. Dennoch blieb eine Lücke. Schon das Warten auf die nächsten Ergebnisse war mit Sandra leichter gefallen. Es strengte ihn derzeit auf nicht bekannte Weise an. Das neue Transporteiweiß, das den Wirkstoff hoffentlich durch die Membran diffundieren ließ, sollte ein besserer Carrier sein als der alte. Möglich war aber auch, dass der Träger nun zu groß geraten war und deshalb mechanisch an der Zellwand hängenblieb. Es wäre ein Fehlschlag zu viel.

Und nun hatte ihn auch noch Runge in der Mittagspause angesprochen, ob er gleich einmal reinschauen könne. Sein Gesicht hatte nicht ausgedrückt, mit welcher Art Nachrichten er kam. Runge blieb ein undurchsichtiger Geselle. Dass er seinen Chef direkt ansprach, verhieß nichts Gutes. Und keine Sandra federte etwas ab.

Den Geruch der Tiere, der zu Runge gehörte, bemerkte Marquard kaum. Runge fragte, ob es jetzt passe. Marquard bejahte, es war ihm völlig egal, dass Runge wie stets die direkte Anrede umging, wohl um das westliche Sie auszulöschen in der Abteilung. Marquard wies auf einen Stuhl.

»Zu DDR-Zeiten …«, begann Runge, eine seiner Lieblingsformulierungen, hielt inne und winkte ab.

»Ja?« Was wollte Runge?

»Da kann was kommen.«

Runge sprach vom Verbot der Versuche an Affen!
»Was?«

»Die Österreicher verschärfen die Bedingungen für die Affen und fühlen sich benachteiligt.«
»Wer sagt das?« Eine unmögliche Frage, die Runge nur bedrängte.
Runge schwieg.
»Wann?«
»Schlecht zu sagen.«
»Bald?«
»Möglich ist alles.«
»Kommt sicher was?«
»Vielleicht setzen die Österreicher sich nicht durch.«
Runge stand auf.
Vielleicht aber doch, dachte Marquard.

Jörg fuhr auf der Dorfstraße in Gegenrichtung und machte Marquard ein Zeichen anzuhalten. Durch die heruntergekurbelten Seitenfenster rief er herüber: »Um sechs bei Veronika?« Marquard hörte von dieser Verabredung zum ersten Mal, aber er gewöhnte sich langsam an die kryptische Kommunikation, wenn sie ihn denn einbezog.
»Bin dabei«, sagte er, eine Formulierung, die glatt über ihn strich.

Der Stapel Totholz war angewachsen, ihn haushoch zu nennen, wäre übertrieben, aber zwei Meter maß er sicher. Hinzu kam, dass das abgeräumte Geäst und Gestrüpp sich auch in der Breite ausdehnte. Vier Meter im Durchmesser, so schätzte er, ein Feuer konnte schnell unbeherrschbar werden. Der Abstand vom ölgetränkten Schuppen war nicht groß, dessen Entfernung zum Haus ebenso wenig. Aber ein Feuer würde warm lodern und am Ende wäre Platz geschaffen. Mit einer Astschere schnitt Marquard die Äste an den Rändern kürzer und steckte das abgeschnittene Holz in den Stapel zurück. Die toten Lebensbäume stutzte er besonders stark, den Schnitt brachte er kreisförmig an den Kern des Holzhaufens.

Als er um fünf vor sechs bei Veronika auf die Klingel drückte, dachte er: Ich habe auch eine Anpassungsleistung hinter mir, mindestens eine. Zum Beispiel unterwarf er sich der hiesigen Sitte, zu früh zu kommen und dies mit Pünktlichkeit gleichzusetzen.

»Also«, sagte Veronika und unterbrach sich, »neue Brille?« Er nickte, sie sagte: »Steht dir.«

Jörg trug zweifelnd bei: »Randlos.«

Für sein eigenes »Ja« fehlte der Grund.

Veronika beschrieb die Komplikationen der Weihnachtsfeier. Auszubalancierende Begrifflichkeiten zwischen Ost und West, wie Spiele zu Weihnachten bezeichnet werden sollten. Jahresendflügelfigur, fiel ihm ein, aber er warf das Wort nicht in die Runde, bei dem angeblichen Wunsch der damaligen Führung, den Begriff Weihnachtsengel derart zu ersetzen, konnte es sich um ein Gerücht handeln, und was lustig gemeint war, schickte schnell die Stimmung in den Keller.

»Was meint ihr? Klar, jetzt ist Westen, aber wir haben ja auch unsere Traditionen.«

Ja, dachte Marquard, sie sollten Widerstand leisten hier. »Gegenhalten«, sagte er deshalb, »sonst verschwindet alles.« Sogar ein ganzes Land. Und man selbst.

»Gut, dass wir einen Ratgeber haben«, wandte sich Jörg an Veronika.

»Einer ist nicht alle«, bemerkte sie und sah Marquard an.
Er spürte dem Satz nach, dessen Inhalt sich zugleich zeigte und verschloss.

»Marquard«, sie deutete mit dem Finger auf ihn, als säße noch ein weiterer Marquard am Tisch, »textet keinen zu. Er hilft uns. Reicht.«

»Ich forsche an der Durchlässigkeit von Membranen«, äußerte er unvermittelt. »Für ein Medikament«, schob er nach, damit die Aussage einen Boden bekam.

»Is nich wahr«, sagte Veronika, während Jörg sich auf ein schlichtes »Un nu?« beschränkte.

»Könnte glatter laufen, derzeit.« Was redete er da.

»Klappt schon.«

Ihre Ermutigung schwebte auf ihn zu, verharrte und zerplatzte, bevor sie ihn erreichte. Der Zuspruch hätte von anderen kommen müssen.

Das Haus war leer, als er zurückkam. Im Wohnzimmer blinkte der Anrufbeantworter. Ein Anruf von Carlotta? Die Autobahn Kassel konnte tückisch sein im Winter. Der rote Knopf des Telefons tünchte das Wohnzimmer wieder und wieder rot. Feuerwehrzeichen. Er blieb vor dem Apparat stehen. Schnee war eingebrochen in der Mitte des Landes. Was, wenn etwas passiert war? Er drückte die Abhörtaste. Rosalies Stimme. Er verstand zunächst nichts, so überrascht war er. Vielleicht auch erleichtert. Ein bisschen. Wohl auch etwas enttäuscht. Nicht, dass Carlotta etwas zustoßen sollte, natürlich nicht. Nur hatte er auf ungreifbare Weise etwas erhofft und davon blieb nun nichts übrig.

Als er die Nachricht ein zweites Mal abhörte, verstand er, es hatte einen Zwischenfall mit dem Vater gegeben.

Er war wegen Luftnot im Krankenhaus. Marquard müsse aber nicht kommen. Vielleicht sollte ich dennoch fahren, dachte er, sofort. In dem Moment bog Carlottas Wagen von der Straße ab. Sie fuhr auf das Haus zu. Die Scheinwerfer leuchteten ihm direkt ins Gesicht. Er sah in den Lichtkegel und bewegte sich nicht. Wie Wild vor dem Aufschlag.

Den letzten Gedanken wurde er nicht los, stand noch an derselben Stelle, als Carlotta schon die Haustür aufschloss.

»Keine Begrüßung?« Ihr Ton ließ ihm die letzte Lust vergehen.

»Bist du gut durchgekommen?« Um etwas zu tun, nahm er ihr den Aktenkoffer aus der Hand und stellte ihn auf die Fliesen. Zum ersten Mal wirkten sie abgenutzt auf ihn.

»Ich habe Hunger«, stellte sie fest, statt seine Frage zu beantworten.

Ihm fiel ein, er hatte vergessen einkaufen zu gehen.

Carlottas Vorwürfe entsprachen dem, was er erwartet hatte. Sogar der Zettel, den sie eigens geschrieben habe, sei von ihm ignoriert worden. Sie denke ihm nun schon alles vor. Nicht einmal das würde helfen.

Er murmelte ein: »Tut mir leid«, und dachte: Wie wäre es mit Selbst-Denken-Lassen?

»Du lügst«, schrie Carlotta, »ich höre dir an, dass du lügst.«

»Brot ist noch da.« Er wusste, er hätte das nicht erwähnen sollen, kannte er doch Carlottas Abneigung gegen Brote am Abend.

»Reizend.« Sie wandte sich dem Kühlschrank zu.

Ihm schien, für sie war entscheidend, sich von ihm

abzuwenden. Er steuerte an ihr vorbei auf die Tür zu. Ruckartig drehte sie sich wieder zu ihm. »Du sagst mir jetzt, weswegen du hier alles boykottierst.«
»Mach ich doch gar nicht.«
»Ich versuche, hier was zusammenzuhalten – gegen deinen erbitterten Widerstand. Denkst du, dieses Kämpfen gegen Windmühlenflügel macht Spaß?«
»Hör auf.« Er wandte sich ab. »Hör auf mit dem Druck. Ich ertrag das nicht mehr.«
»So«, zischte sie. »Und was willst du tun?«

Die Weihnachtsfeierlichkeiten beanspruchten den halben Tag, um zwei startete der Marathon mit dem Weihnachtsbaumschlagen. Jörg verkaufte aus seiner Schonung heraus die Bäume, stellte das Werkzeug, schlagen mussten die Käufer selbst. Marquard hatte den Vorgaben entsprechend Getränke in einer Menge gekauft, ganz Ressow konnte sich damit in Stimmung bringen. Ihn ausgenommen.
»Noch zwei«, sagte jemand, und Marquard füllte mit einer Suppenkelle Glühwein in die Kaffeebecher. Er hatte den Einstieg in das Gespräch der beiden Männer verpasst, hörte nur das Wort »Polenmarkt«.
»Ick koof nich bei Kanaken«, antwortete der andere.
Veronika, die neben ihm stand, mischte sich ein. »Det sind keene Kanaken, det sind Polen.«
»Ick koof nich bei denen, für mich sind det ooch Kanaken.«
Veronika winkte ab.
Marquard löffelte sich Glühwein in einen Becher und trank. Er hatte damit gerechnet, Veronika, die sich sicherlich als aufrechte Antifaschistin im DDR-Sinne

betrachtete, maßregelte den Sprecher. Aber ihr doppeldeutiges Eingreifen zeigte, spitz betrachtet, es gab auch in der Welt von Antifaschisten Kanaken, weich beleuchtet, Veronikas Rahmen war weit gesteckt. Das Gegenüber hatte Platz darin, notfalls wurde der Rahmen angepasst, die Person war, wie sie war. Davon sollte Carlotta mehr haben. Und zwar für ihn. »Prost«, sagte er zu Veronika und hielt ihr einen Kaffeebecher mit heißem Wein hin. Unfeierlich das Geräusch der aufeinandertreffenden Becher. Ungewohnt wärmend der Wein im Bauch.

Um fünf räumten sie zusammen, um sechs ginge es im Gemeindesaal weiter. Er verlud mit Jörg den Tapeziertisch, Veronika sammelte das Geschirr in einen Korb.

»Ich werde ja einsam sein heute«, meinte Jörg, eine für Marquard unverständliche Bemerkung.

»Im Chor«, sagte Jörg, »ich bin der einzige Mann, Krankheitsausfälle. Machst du nicht doch mit?«

»Kann ich ja nicht«, wand sich Marquard heraus.

»Das schaffst du schon«, Veronika hob den Korb in den Kofferraum und schlug Jörg leicht auf den Oberarm.

Marquard beobachtete es. Sie sah nur Jörg an, nicht ihn, weder direkt noch mit Facettenaugen.

Er setzte einen Fuß vor den anderen, markierte den frostigen Boden mit harten Schritten, früher als nötig und allein. Getrieben von einem Streit mit Carlotta, der Grund kaum zu benennen, wie so oft. Er dürfte ihre Frage, wie es war am Nachmittag, nicht wunschgemäß beantwortet haben. Mittendrin von ihm ein scharfkantiger Satz, an dem sich Carlotta schneiden sollte und es auch tat. Veronika kam vor. »Dann bleib doch in deinem

Dorf, aber ohne mich.« Sein Schulterzucken wie ein Zündfunke. »Nein, wir verkaufen das Haus, dann reicht es für eine zweite Wohnung in Berlin.« Sein Gefühl, dann bliebe ihm gar nichts mehr. »Ich geh schon mal«, er wollte nur raus da. »Wir sind beide Eigentümer, das weißt du ja wohl, Marquard.« Schrill hinter ihm hergeworfen. Sein Rachen noch wund vom »Ja«.

Er lief schneller jetzt, wie auf der Flucht. Dabei war er sicher, Carlotta wollte ihn gar nicht zurückholen. Dafür vermisste sie zu viel bei ihm, und was sie fand, reichte ihr nicht. Nicht ihr, nicht Maria, nicht Sandra, nicht den Eltern. Er sollte ein anderer sein. Und sich den fremden Wünschen beugen.

Marquard bückte sich, kratzte vom Straßenrand ein paar Schneereste, formte einen Ball, mehr als tischtennisgroß wurde er nicht. Er drückte ihn noch einmal fest zusammen, damit er weit flog. Der Ball zersprang, als Marquard dagegentrat. Für einen neuen Versuch reichte der Schnee nicht.

Als er den Saal betrat, war er noch unentschieden. Der Schneestaub sollte nicht das letzte Wort behalten. Die Mitglieder des Chors hatten sich bereits in Positur gestellt, mit dem Gesicht zu ihm, Veronika stand in der ersten Reihe. Die Chorleiterin hob gerade die Rechte, um den Einsatz für die Probe zu dirigieren, als Veronika sagte: »Wir haben den ersten Zuhörer. Marquard setz dich.«

Das war der Moment, in dem er entschied, er setzte sich nicht auf die Zuschauerstühle, er würde singen. »Ich kann Jörg unterstützen und mitsingen«, bot er mit klarer Stimme an.

»Ich denk, du kannst nicht singen.« Die Reaktion auf

seine vorherige Lüge beiläufig, als habe sie sich geirrt, ob er den Kaffee mit oder ohne Milch trank.

»Ich hab nicht gewollt, aber jetzt will ich.« Er erwähnte den Schulchor, lange her, klar, aber Noten lesen, das könne er noch, falls erwünscht, schaue er gern auf die Stücke und probe mit.

»Gut«, sagte Veronika schlicht, »wir klingen dann sicher besser.«

Er stellte sich neben Jörg, und das erste Lied wurde geprobt. Seine Stimme mischte sich mit den anderen, Wellenlängen überlagerten sich, eine neue Stimme entstand, an der er teilhatte. Er sang und sang, mochte gar nicht mehr aufhören damit. Eine verloren geglaubte Kraft stieg auf. Er wollte das Strömen aus seinem Inneren festhalten, als ging es um Worte, die ihm alles erklären konnten. Die bei ihm bleiben mussten, wenn das Singen endete. Er fiel in die Texte, kam geradezu selbst vom Himmel, von dem er sang, und brachte die gute, neue Mär.

Das letzte Lied war geprobt, die ersten Teilnehmer der Feier erschienen. Keine Spur von Carlotta. Der Bürgermeister hielt eine kurze Ansprache, der Chor stellte sich auf, er mittendrin. Immer noch nichts von Carlotta.

Die Dirigentin gab das Zeichen, sie setzten ein, alle gleichzeitig. Der Ton noch voller als vorhin, einheitlich und doch aus vielen Schichten bestehend. Er atmete in den letzten Winkel des Raumes, erreichte jeden Zuhörer. Als schwänge alles miteinander.

»Maria durch ein Dornwald ging«, sang er, artikulierte deutlich, den Dornwald betonend. »Kyrie eleison«, drang es aus ihm. Herr erbarme dich –.

»Wie soll dem Kind sein Name sein?« Er stützte die

Stimme mit dem Bauch, sie trug durch den ganzen Saal, bis zur Tür, durch die Carlotta trat.

»Wie soll dem Kind sein Name sein?« Er sang es Carlotta direkt ins Gesicht, so inbrünstig, als sänge er von seinem eigenen Kind. Alles erschien möglich für ihn in diesem Moment. Bis er den entsetzten Blick von Carlotta auffing. Spontan sang er leiser, obwohl er das überhaupt nicht wollte. Alle Kraft wich. Carlotta hatte wohl verstanden. Er auch.

Es hatte geschneit, so wenig, es würde Carlottas Fahrt nach München nicht beeinträchtigen. Beim Aufstehen entschied sie, nicht, wie geplant, am Abend zu starten, sondern bereits nach dem Frühstück. Jede Müdigkeit war von ihr abgefallen. Über die gestrige Feier verloren sie kein Wort. Mehrmals hatte er gedacht: Jetzt, jetzt redet sie. Aber ihre Sätze galten doch nur der Fahrt am heutigen Sonntag. Sie blätterte in der Zeitung und sagte dann: »Es schneit wieder.« Den Immobilienteil steckte sie ein, nicht auffällig, nicht unauffällig, sondern selbstverständlich. Eine Geste, die sagte: Auf dich kommt es nicht an.

Sie verließ das Haus, er ging mit, trug ihre Tasche zum Auto, platzierte sie ihm Kofferraum, schlug den Deckel zu, Dinge, die er sonst nie tat.

Über dem Land lag körnig weißer Grieß, der Untergrund schimmerte durch. Nichts war zugedeckt. Er würde tun, was er in der Nacht für heute geplant hatte.

»Tschüss«, sagte Carlotta. Das war alles.

Sie startete den Motor, legte den Gang ein, die Reifen drehten sich von ihm weg. Er winkte Carlotta hinterher, als wäre es für immer.

Marquard sah zum Himmel. Kein Wind, kein Schnee, klare Kälte, ideale Bedingungen. Er ging um das Haus herum, die Streichhölzer in seiner Hosentasche rasselten in der Packung, wenn er das rechte Bein nach vorn setzte.

Unten im Scheiterhaufen steckte der vertrocknete Lebensbaum, er sollte zum Anfeuern genügen. Marquard kniete nieder und strich ein Holz aus der Packung an der Reibe entlang. Warm flammte es auf, nur unter dem Holz flackerte kalt das Blau. Marquard schützte das zarte Feuer mit der freien Hand und führte es zu dem Lebensbaum. Die Flamme leckte nach den vertrockneten Blättern. Mit einem hellen, feinen Geräusch zeigten sie, sie sind einverstanden. Äste tauchten ein in flackerndes Gelb, sie begannen zu glimmen, aber zu Marquards Enttäuschung fiel das Feuer wieder in sich zusammen. Bevor es endgültig aufgab, riss er mit dem Kuhfuß eine Latte aus dem Ölschuppen. Spröde, wie sie war, konnte er sie über dem Knie zerteilen. Das Feuer reagierte, als hätte es auf das Ölholz gewartet, ein Leben lang. Zuerst ein ungläubiges Innehalten, als begegneten sich hier zwei, die erkannten, sie hatten einander gefunden, die aber noch nicht über das Staunen hinwegkamen. Die dann Kontakt aufnahmen, tastend, bis die Erkenntnis da war: Ja! Auch wenn alles explodiert.

Mit einem Knall schlug das Feuer gegen den Himmel. Marquard wich nicht zurück.

© *Anne Wietzker*

Bea Kemer war zunächst Zivilrichterin. Seit vielen Jahren ist sie zunehmend, zuletzt ausschließlich, als freiberufliche Autorin, Mediatorin und Familientherapeutin tätig. Sie ist Mitglied des Autorenforums Berlin e. V.
Bea Kemer stammt aus Bochum. Sie lebt mit ihrem Mann in Berlin und auf einem ehemaligen Bauernhof in Brandenburg.

Im September 2012 erschien der Erzählband *Starke Bande* im Verlag am Schloss. Im März 2014 wurde der Mosaik-Roman *Brandschatz*, in dem sie Mitautorin ist, in der dahlemer verlagsanstalt veröffentlicht. Im März 2019 erschien ihr erster Roman *Sollen Wünschen Möglichkeiten*, ebenfalls in der dahlemer verlagsanstalt. Im März 2020 veröffentlichte die dahlemer verlagsanstalt den zweiten Mosaik-Roman *Unterholz*. Weitere Veröffentlichungen in Anthologien, z. B. in *Berlin Crime*, CINDIGO Verlag, März 2015.

Ich danke meinen über die Literatur gewonnenen Freunden Doris Anselm, Dominik Jäkel, Rainer Schildberger und Bastian Terhorst für ihre Unterstützung auf vielen Ebenen; meiner langjährigen Freundin Helga von Rabenau, die der zukünftigen Leserschaft eine Stimme gegeben hat; Gerrit Kürschner und Volker Menschik, ohne deren Hilfe ich im Feld der Zellforschung verloren gewesen wäre; meinem Mann einmal mehr für seine Geduld.

Mehr von Bea Kemer in der dahlemer verlagsanstalt

Sollen Wünschen Möglichkeiten

Roman

Paperback, 302 Seiten € 19,-
ISBN 978-3-928832-79-3

Indien! Die Ankunft von Rechtsanwältin Amelie Steldter gleicht einem Aufprall. Wie soll sie hier den Streit wegen der Beschädigung des antiken Nationalheiligtums Ganga bei einer Ausstellung in Berlin schlichten? Indiens Einflüsse, nicht zuletzt die Begegnung mit ihrem Kollegen Vikram, beleuchten vieles neu. Familiäre Zwänge um den Tod des Bruders Theo werden sichtbar. Die Verhandlung um Ganga erfährt eine überraschende Wendung.